NORD

OST

WEST

SÜD

Eidechse

Schwan

Deneb

Leier

Wega

Herkules

Drache

Kepheus

Giraffe

Polarstern

Perseus

Kassiopeia

Algol

Stier

Orion

Betelgeuze

Kapella

Fuhrmann

Schlangenträger

Nördl.
Krone

Gemma

Bootes
(Bärenhüter)

Kleiner Wagen
(Kleiner Bär)

Großer Bär)

Großer Wagen

Zenit

Luchs

Kastor

Pollux

Zwillinge

Kl.Hund

Prokyon

Einhorn

Unuk

Arktur

Jagdhunde

Kl. Löwe

Krebs

Äquator

Haar der Berenike
(Coma)

Löwe

Krebs

Schiff

Waage

Ekliptik (Tierkreis)

Jungfrau

Denebola

Regulus

Sextant

Alphard

Kompaß

Spika

(Hydra)

Wasserschlange

Rabe

Becher

Centaur

Meridian

Horizont

*Die Sternkarten zu Sommer
und Herbst findest Du
am Schluß des Buches.*

Redaktionelle Leitung: Helmut Benze
Lektorat: Barbara Bussfeld und
Isabelle v. Neumann-Cosel unter
Mitarbeit von Hans Feder

Bildquellenverzeichnis:
Bibliographisches Institut & F. A. Brockhaus AG, Mannheim
Herrmann & Kraemer, Garmisch-Partenkirchen
Bildagentur Mauritius, Mittenwald
Max-Planck-Institut für Physik und Astrophysik,
Garching b. München
NASA, Washington
Treugesell-Verlag, Düsseldorf
Carl Zeiss, Oberkochen

CIP-Kurztitelaufnahme der Deutschen Bibliothek

Herrmann, Joachim:
Meyers Großes Sternbuch für Kinder:
zum Lesen u. Anschauen für Sterngucker
u. Weltraumforscher/geschrieben von Joachim Herrmann.
Ill. von Harald u. Ruth Bukor. –
Mannheim: Bibliographisches Institut, 1981.
ISBN 3-411-01909-3
NE: Bukor, Harald:; Bukor, Ruth:

Satz: Bibliographisches Institut, Mannheim
Reproduktionen: Graphische Kunstanstalt, W. Gräber, Neustadt
Druck- und Bindearbeiten: Druckerei Kaufmann, Lahr
Printed in Germany
ISBN 3-411-01909-3

MEYERS GROSSES STERNBUCH FÜR KINDER

Zum Lesen und Anschauen für Sterngucker und Weltraumforscher

Geschrieben von Joachim Herrmann
Illustriert von
Harald und Ruth Bukor

MEYERS LEXIKONVERLAG
Mannheim/Wien/Zürich

VON MEYER

Inhaltsverzeichnis

Vorwort

Dieses Vorwort ist eine Gebrauchsanleitung zu deinem Buch. Du brauchst sie vielleicht nicht unbedingt; aber sicher findest du hier ein paar Tips, die dir helfen, dich in diesem Buch gut zurechtzufinden.

Das Weltall mit seinen unermeßlichen Entfernungen kann man sich nur schwer vorstellen. Deswegen ist bei diesem Buch nicht nur das Lesen wichtig, sondern auch das Anschauen. Die Grafiker haben sich besonders angestrengt, in den Bildern alles anschaulich darzustellen.

Dieses Buch kann man natürlich einfach von vorne bis hinten durchlesen — man muß aber nicht. Im Inhaltsverzeichnis findest du die Überschriften aller Kapitel. Vielleicht interessiert dich eines besonders, zum Beispiel das über „Riesensternwarten''. Dann fang ruhig mit diesem Kapitel an. An Stellen, die du nur schwer verstehen kannst, bevor du eines der anderen Kapitel gelesen hast, steht: (siehe Seite ...). Dort kannst du dann nachschlagen und weiterlesen. Vielleicht macht es dir gerade Spaß, das Buch auf diese Weise kennenzulernen.

Schließlich haben wir noch eine weitere Hilfe in das Buch eingebaut. Auf Seite 120 findest du ein kleines Himmelslexikon. Das ist ein Wörterverzeichnis, in dem du die wichtigsten Begriffe aus der Himmelskunde nachschlagen kannst. Ihre Bedeutung ist dort kurz erklärt.

Noch ein Tip ist wichtig: Alle Uhrzeitangaben in diesem Buch beziehen sich auf die mitteleuropäische Zeit (MEZ). Auf die Sommerzeit wurde keine Rücksicht genommen, damit man die regelmäßigen Veränderungen am Sternenhimmel durch das ganze Jahr hindurch aus den Uhrzeitangaben sofort ablesen kann. Für deine eigenen Himmelsbeobachtungen mußt du aber während der Sommerzeit zu den Zeiten im Buch jeweils eine Stunde dazurechnen.

Viel Spaß beim Sterngucken und bei der Erforschung des Weltalls!

Was fesselt uns an den Sternen?

Jeder von uns hat sich schon mal gefragt, wie es kommt, daß es regelmäßig Tag und Nacht wird, morgens die Sonne im Osten aufgeht und abends am Westhorizont wieder verschwindet, daß es dann allmählich dunkel wird, blinkende Sterne erscheinen und der Mond mal groß und rund, mal als halbe Scheibe und mal nur als Sichel seine Bahn am Nachthimmel zieht.

Wer hat sich noch nicht die Frage gestellt, ob es auf anderen Gestirnen auch intelligente Lebewesen gibt wie auf der Erde? Immerhin hört man doch von jenen sogenannten Ufos, „fliegenden Untertassen" von anderen Sternen, die angeblich immer wieder gesehen werden. Mit modernster Technik, mit riesigen Fernrohren, Radioteleskopen und Raumsonden versuchen die Himmelsforscher heute, die Rätsel des Weltalls zu lösen. Russen und Amerikaner schicken sogar bemannte oder unbemannte Raumschiffe zum Mond und anderen Gestirnen. Ganz deutlich zeigen uns Satellitenfotos — jeder kennt sie aus dem Wetterbericht im Fernsehen — wie winzig unser Erdball, gemessen an der Weite des Alls, erscheint.

Wer aber denkt, die Sternkunde sei eine junge Wissenschaft, der irrt sich: Schon vor vielen tausend Jahren beobachteten die Menschen den Himmel. Sie glaubten, die Sonne, der Mond und die anderen kleinen Lichter über ihnen seien Götter. Die Bewegungen der Gestirne wurden sorgfältig verfolgt, weil man glaubte, auf diese Weise herauszubekommen, was die Götter dachten und was sie mit den Menschen vorhatten. Um sie gut zu stimmen, errichtete man vielen Gestirnsgöttern die schönsten Tempel und Pyramiden.

Heute wissen wir, daß die Sterndeutung, die wir auch Astrologie nennen, reiner Aberglauben ist, den sich die Menschen in ihrer Phantasie ausgedacht haben. Jedoch waren die Astrologie und die Astronomie — so nennen wir die auf Messungen und Beweisen beruhende wissenschaftliche Erforschung des Weltalls — ursprünglich eng miteinander verbunden. Denn neben der Ausdeutung des Sternenlaufs zeichneten die Menschen die Bewegungen der Gestirne, insbesondere die von Sonne und Mond auf und entwickelten daraus einen Kalender. Bestimmt durch den Lauf der Sonne und den Wechsel von Tag und Nacht wurde darin die Tagesdauer von 24 Stunden als Zeiteinteilung festgelegt. Man schrieb auf, wie sich die Länge von Tag und Nacht ebenso wie der Stand der Sonne laufend veränderten. Die Beobachtungen zeigten, daß sich diese Veränderungen nach etwa 365 Tagen wiederholten. Dieser Zeitraum ist heute noch unser Jahr, das schon vor etwa 4 000 Jahren Babyloniern und Ägyptern als Zeiteinteilung bekannt war.

Für die Entstehung des Kalenders spielte außerdem der Mond eine Rolle. Die Zeit, die von Neumond zu Neumond (siehe Seite 42) vergeht, wurde Monat genannt. Ein solcher Monat dauert 29 oder 30 Tage. Da ein zwölfmonatiges Mondjahr aber nur 354 Tage umfaßt und damit elf Tage kürzer als das Sonnenjahr ist, wurde zum Ausgleich in Abständen von etwa drei Jahren ein zusätzlicher dreizehnter Schaltmonat eingeführt. Dies war recht unbequem und man ging später dazu über, einen Monat auf 30 oder 31 Tage zu verlängern. Die Unglückszahl dreizehn entstand übrigens durch den unbeliebten dreizehnten Monat; so einfach ist mancher Aberglaube zu erklären. Unser heutiger Monat entspricht also nicht mehr dem Mondlauf; die Gestalten des Mondes wie Halbmond oder Vollmond erscheinen in jedem Jahr an anderen Kalendertagen. Mohammedaner und Juden rechnen noch heute nach einem Mondjahr, das in der Regel 353 bis 355 Tage lang ist.

Genauere Beobachtungen zeigten, daß das Sonnenjahr nicht genau 365 Tage, sondern etwa

365¼ Tage lang ist. So mußte man alle vier Jahre einen Schalttag, den 366. Tag, einfügen. Heute legen wir ihn auf den 29. Februar. Ein Schaltjahr haben wir immer dann, wenn die Jahreszahl ohne Rest durch vier teilbar ist. Das ist beispielsweise 1984, 1988, 1992 usw. der Fall. Um den Kalender noch genauer in Ordnung zu bringen, muß der Schalttag gelegentlich ausfallen. Er unterbleibt im letzten Schaltjahr eines Jahrhunderts, wenn dessen ersten beiden Ziffern nicht durch vier teilbar sind. So fiel im Jahr 1900 der 29. Februar aus, was sich erst 2100 wiederholen wird.

Eine weitere Einteilung in unserem Kalender ist die Woche. Sie ist eine Zeiteinheit aus dem alten jüdischen Kalender und wurde später vom Christentum übernommen. Daß die Woche gerade sieben Tage umfaßt, ist darauf zurückzuführen, daß im Altertum sieben Planeten bekannt waren. Neben *Sonne* und *Mond*, die damals auch zu den Planeten gezählt wurden, kannte man *Merkur, Venus, Mars, Jupiter* und *Saturn*. Wenn wir die Entstehung unserer Namen für die Wochentage verfolgen, stellen wir fest, daß

der Sonntag ursprünglich als Tag der Sonne galt. Montag war dem Mond gewidmet, der Dienstag dem *Mars* und der Mittwoch dem *Merkur. Jupiter* wurde mit dem Donnerstag geehrt, während der *Venus* der Freitag und dem *Saturn* der Samstag zugesprochen wurden. Die deutschen Wochentagsnamen lassen diesen Zusammenhang nicht mehr sehr deutlich erkennen. Sie gehen zum Teil auf alte germanische Gottheiten zurück, die jedoch den Planetengöttern entsprachen. So war *Jupiter* der Gott Donar und *Venus* die Freyja.

In früher Zeit hatten die Menschen die Vorstellung, die Erde sei eine Scheibe im Mittelpunkt des Alls und würde von den sieben Planeten umkreist. Doch schon die Griechen sahen einige Jahrhunderte vor Christus die Erde als eine Kugel an. Und Eratosthenes, ein griechischer Gelehrter, führte etwa 200 Jahre vor Christi Geburt in Ägypten eine Erdvermessung durch, aus der er sogar den Umfang unserer Erdkugel errechnen konnte. Im Altertum und auch noch lange Zeit danach galt der Grieche Claudius Ptolemäus als der erfolgreichste Astronom und Naturforscher. Er lebte von 87 bis 168 nach Christus. Wir sprechen heute noch vom „Ptolemäischen Weltsystem". Danach liefen die Planeten von der Erde aus gesehen in folgender Reihenfolge: *Mond, Merkur, Venus, Sonne, Mars, Jupiter* und *Saturn*. Dahinter waren die Sternbilder (siehe Bild Seite 6).

Während Sonne und Mond sich einigermaßen gleichmäßig bewegen, zeigen die anderen Planeten oft seltsame Schleifenbewegungen am Himmel. Um das zu erklären, stellten sich die alten Astronomen vor, diese Planeten bewegten sich auf einem kleinen Kreis, dessen Mitte um unsere Erde läuft. Heute wissen wir, daß es viel einfacher ist: Die Schleifenbewegung der Planeten ist darauf zurückzuführen, daß sich auch unsere Erde durch den Raum bewegt. Erstaunlich bleibt es, daß die damaligen Himmelsforscher die Bewegungen der Himmelskörper oder die Sonnen- und Mondfinsternisse ver-

Schon sehr früh hat man die Gestirne mit Göttern und Fabelwesen in Verbindung gebracht. In einem ägyptischen Tempel fand man diese schöne Darstellung mit vielen Sternbildern, die teilweise nicht mehr mit den uns bekannten Bildern übereinstimmen.

hältnismäßig genau vorausberechnen konnten, obwohl sie doch ganz falsche Vorstellungen vom Aufbau des Weltalls besaßen.

Es gab damals weder Fernrohre noch genaue Meßinstrumente. Man peilte die Sterne mit einfachen Winkelgeräten an. Als genauester Beobachter vor der Erfindung des Fernrohrs gilt Tycho Brahe, der von 1546 bis 1601 lebte. König Friedrich II. von Dänemark errichtete ihm auf der Insel Hveen in der Nähe von Kopenhagen eine für diese Zeit besonders große Sternwarte. Mehrere Gehilfen unterstützen Tycho Brahe dabei, den Lauf der Sterne zu beobachten. Zu ihren

Himmel gemessen, und zwar mit einer Genauigkeit, die uns heute verblüfft.

In den letzten 300 oder 400 Jahren hat die Himmelskunde riesige Fortschritte gemacht. Die Menschen erkannten, daß das Weltall sehr viel größer ist, als ursprünglich angenommen wurde. Auch zeigte es sich, daß die Erde keineswegs den Mittelpunkt des Alls bildet, sondern nur ein Planet unter vielen anderen ist. Das warf die Frage auf, ob es nicht möglich sein könnte, zu anderen Gestirnen zu reisen.

Noch längst kann der Mensch nicht das ganze Weltall bereisen, unsere unmittelbare Nachbar-

Schon sehr alte Kulturvölker, wie zum Beispiel die Mayas im heutigen Mexiko, erbauten riesige Tempelanlagen zur Beobachtung und Deutung der Bewegungen der Gestirne.

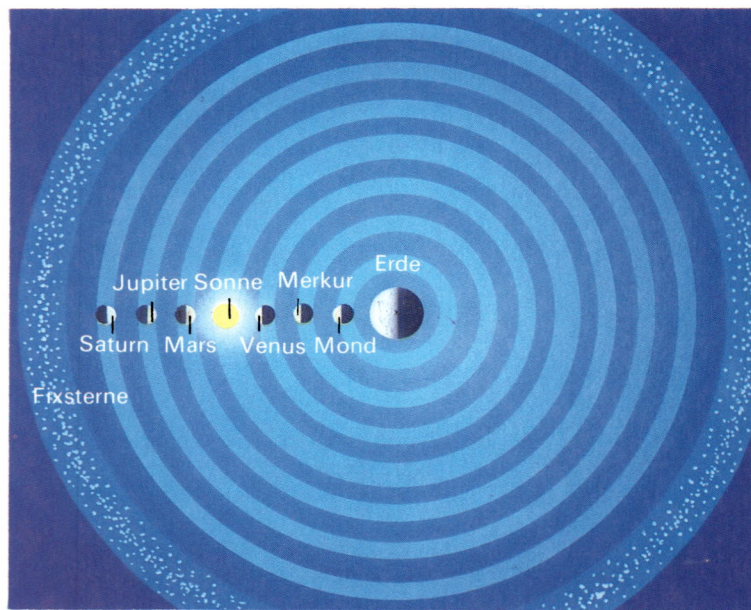

Nach der Vorstellung der alten Griechen bewegten sich Sonne, Mond und Planeten in festen Kreisbahnen um die Erde. Dieses System des Astronomen Ptolemäus wurde über Jahrhunderte hinweg beibehalten.

Hilfsmitteln gehörte ein riesiger Mauerquadrant. Das war ein steinerner Viertelkreis, der in eine Mauer eingelassen war. Daneben besaß Tycho Brahe mächtige Himmelskugeln aus Metall, die Armillarsphären genannt wurden. Mit beiden Instrumenten wurde die Stellung der Gestirne am

schaft kennen wir jedoch inzwischen recht gut. 1969 landeten zwei Amerikaner als erste Menschen auf dem Mond. Mit dem Jahr 1981 begann ein neues Kapitel in der Geschichte der Raumfahrt. Es wurden Raumtransporter gebaut, die bis zu hundertmal verwendet werden können. Bis dahin konnten nur einmalig benutzbare Raketen – wie beispielsweise die Mondfähren – konstruiert werden. Heute gibt es schon Pläne für große Weltraumstationen, die vielleicht bereits um das Jahr 2000 verwirklicht werden können. Man denkt an riesige, im Weltall schwebende radförmige Raumschiffe, die Dutzenden von Wissenschaftlern und Technikern Platz bieten. Möglicherweise kann die Raumfahrt in Zukunft helfen, Nahrung und Rohstoffe auf anderen Planeten zu entdecken und für uns Menschen nutzbar zu machen. Denkbar ist es auch, die Sonnenenergie gleich im Weltraum mit Son-

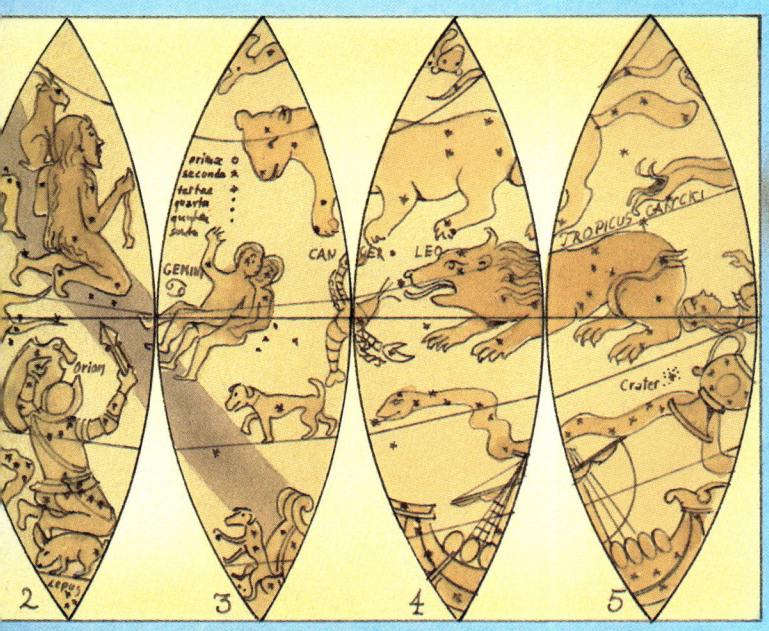

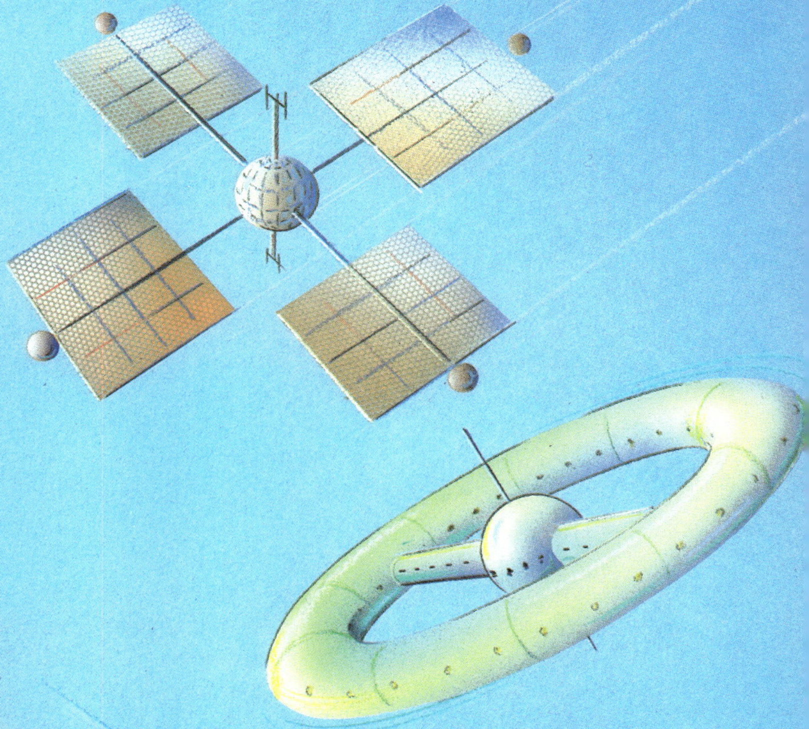

Die Menschen haben schon immer von fernen Welten geträumt. Oft stimmten Phantasie und Wirklichkeit nicht überein. Träume von heute könnten einmal Wirklichkeit werden.

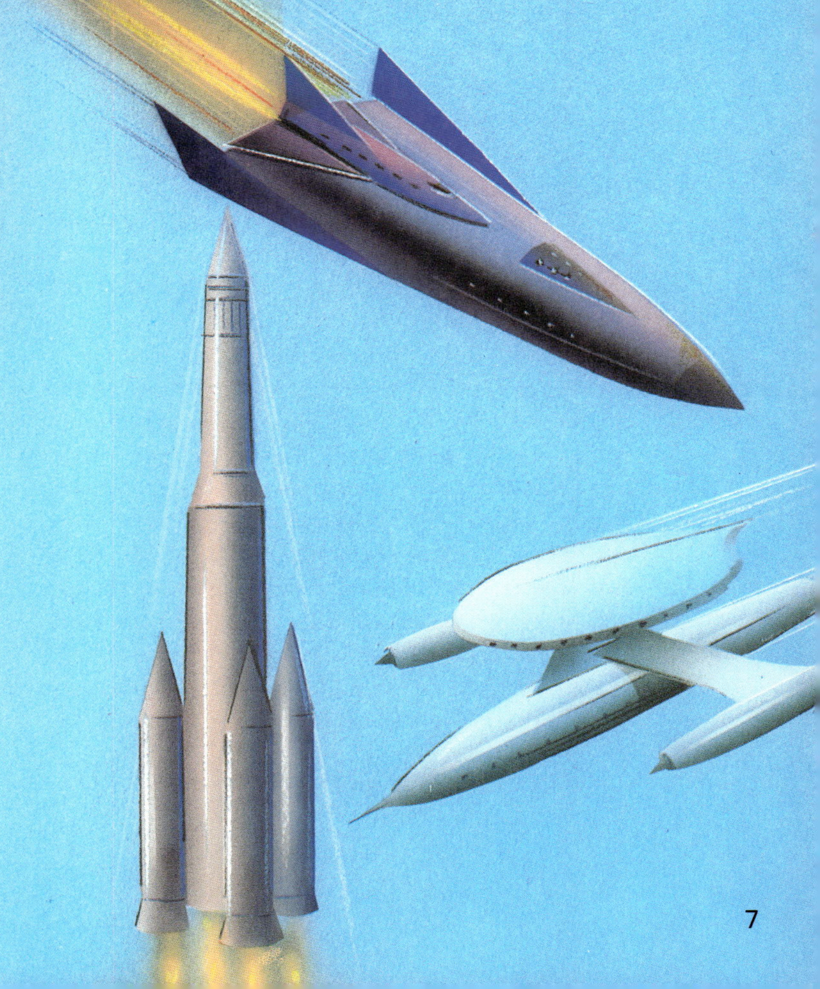

Unsere Zeichnung zeigt den Ausschnitt einer etwa 300 Jahre alten Sternkarte, auf der wir zum Beispiel die Sternbilder Zwillinge, Krebs, Löwe und Großer Bär finden.

nenkraftwerken in einer Umlaufbahn um die Erde einzufangen und sie so besser auszunutzen.

Die Weltraumforscher haben für das Leben nutzbare Erkenntnisse erhalten. Daran hatte zu Anfang kaum jemand gedacht, erst einmal wollte man wissen, was im Weltall vor sich geht.

Die Bären und der Polarstern

Habt ihr auf dem Land oder im Gebirge schon einmal den Sternenhimmel beobachtet? In wolkenlosen Nächten seht ihr eine solche Fülle von kleinen glitzernden Lichtpunkten, daß es schwer ist, einzelne Sterne herauszufinden. In den Städten, wo die meisten von uns leben, sind nur ganz wenige Sterne zu sehen. Das liegt an dem vielen elektrischen Licht der Straßen und Häuser.

Für Sternbildjäger bringt das jedoch einen Vorteil: Einige Sternbilder, wie zum Beispiel der *Große Wagen*, oder auch *Himmelswagen* genannt, sind ganz leicht aufzufinden. Probiert es mal aus; den *Himmelswagen* könnt ihr das ganze Jahr über finden. Er besteht aus sieben fast gleich hellen Sternen. Vier Sterne bilden ein Viereck, das zusammen mit drei als Deichsel gedachten Sternen die Gestalt eines Wagens annimmt. Seit langer Zeit haben die Menschen diese Sterngruppe auch als einen *Großen Bären* gedeutet. Die vier Sterne des Wagenkastens bilden den Leib, die der Deichsel den Schwanz des Bären. Bei sehr guter Sicht könnt ihr eine ganze Zahl von schwächeren Sternen finden, die als Kopf und Pfoten des Großen Bären zu deuten sind. Dann gelingt es auch, das *Reiterlein* zu entdecken, ein mattes Sternchen, das über dem mittleren Deichselstern steht. Es wird oft auch als „Augenprüfer" bezeichnet.

Mit Hilfe des *Großen Bären* (oder des *Himmelswagens*) können wir die Himmelsrichtungen bestimmen. Dazu verbinden wir die hinteren Sterne des Wagenkastens und verlängern diese Linie zur Mitte hin sechsmal über den Wagen hinaus. Dabei trifft unser Auge auf einen Stern, der stets fast genau im Norden steht. Er wird *Nordstern* oder *Polarstern* genannt. Denken wir uns von ihm aus eine senkrechte Linie bis zum Horizont, so haben wir Norden gefunden. Der *Polarstern* ist der hellste Stern im *Kleinen Wagen* oder *Kleinen Bären*.

Unsere Zeichnung zeigt die Stellung von *Großem* und *Kleinem Bären* zueinander, wie sie jeweils am ersten Tag der Monate Mai bis September zur angegebenen Uhrzeit am Himmel zu beobachten ist. Orientieren wir uns daran, dann können wir beispielsweise im Herbst am späteren Abend über Mitternacht hinaus verfolgen, wie der *Große Bär* allmählich gegen den Uhrzeigersinn um den *Polarstern* herumläuft. Um Mitternacht steht er ganz tief über dem Nordhorizont. Nach Mitternacht klettert er langsam wieder im Nordosten herauf. Dabei zeigt der Schwanz des *Bären* oder die Deichsel des *Großen Wagens* nach unten. An Frühlingsabenden sehen wir dieses Sternbild gelegentlich fast genau senkrecht über uns. Erstaunlich ist, daß bei all diesen Veränderungen der *Polarstern* scheinbar stehen bleibt. Warum das so ist, werden wir noch auf Seite 10 sehen. In anderen Ländern und Kontinenten haben die Menschen in das Sternbild, das wir in unseren Breiten *Großer Wagen* oder *Großer Bär* nennen, andere Deutungen hineingelegt. So sahen die Araber früher in den zu einem Viereck angeordneten Sternen einen Sarg und in den drei anschließenden Sternen trauernde, dem Sarg folgende Frauen. Nordamerikanische Indianer hingegen glaubten, in diesen Sternen einen Löffel zu entdecken. In Mexiko glaubte man in dem Sternbild einen Mann mit nur einem Bein zu erkennen, den man Hunrakan nannte. Immer wenn Hunrakan nicht am Himmel zu sehen war, tobten große Stürme in der Karibischen See. In Mexiko stellte man sich vor, Hunrakan würde diese Stürme verursachen. Deshalb nannte man sie nach dem Namen des Einbeinigen ,Hurrikans'. Davon ist unser Wort ,Orkan' abgeleitet.

Auch zum Sternbild des *Drachen*, der sich zwischen *Großem* und *Kleinem Bären* hindurch windet, gehört eine Sage. Danach soll der Drache einen kostbaren Schatz, zu dem auch goldene Äpfel gehörten, gehütet haben. Nur Herkules gelang es, diesen schrecklichen Drachen zu besiegen.

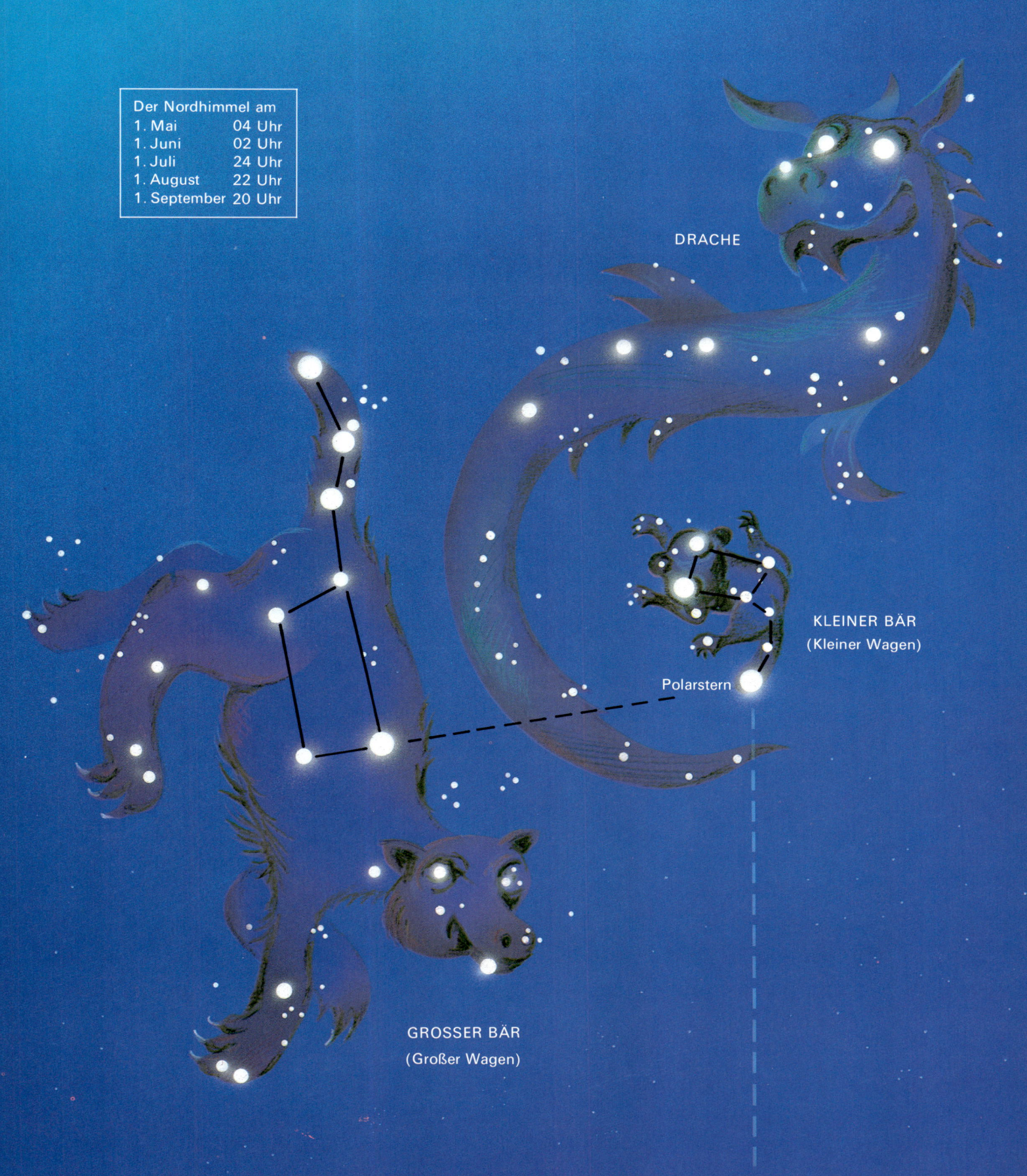

Der Nordhimmel am
1. Mai   04 Uhr
1. Juni   02 Uhr
1. Juli   24 Uhr
1. August   22 Uhr
1. September 20 Uhr

DRACHE

KLEINER BÄR
(Kleiner Wagen)

Polarstern

GROSSER BÄR
(Großer Wagen)

NORDEN

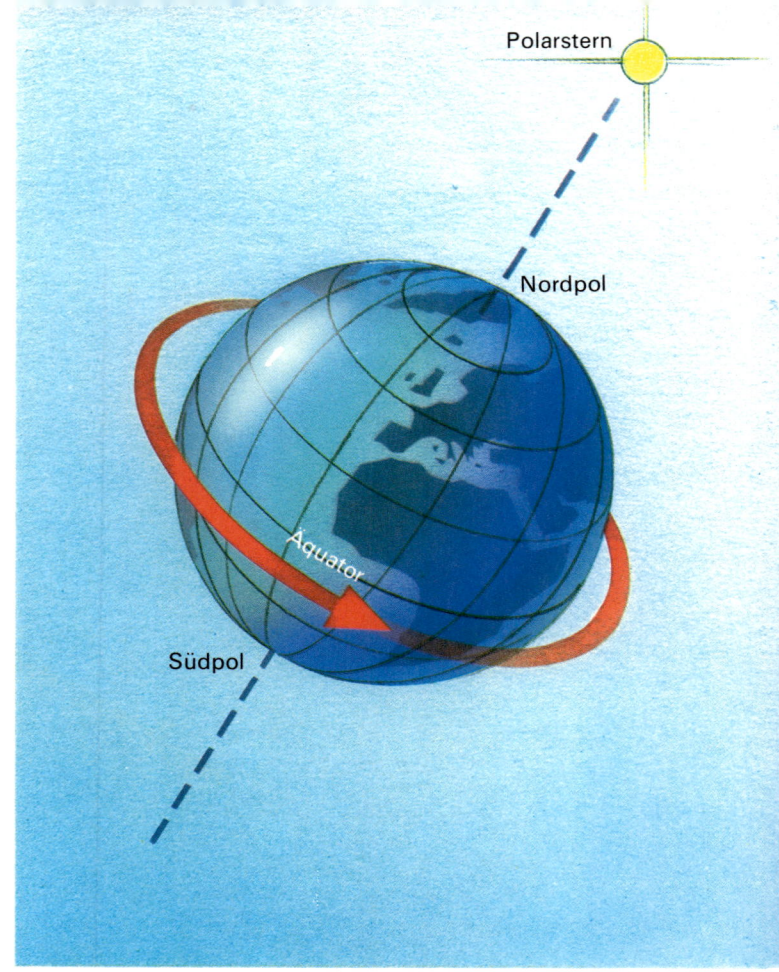

Polarstern

Nordpol

Äquator

Südpol

Sterne des Nordens

Könnten wir von einem Punkt des Äquators durch die Erde hindurch eine Schnur bis zur gegenüberliegenden Seite ziehen, dann bräuchten wir dazu ein Band von 12 756 Kilometer Länge. Legten wir eine Schnur längs des Äquators einmal um die Erdkugel herum, müßte sie 40 000 Kilometer lang sein. Wollten wir diese Strecke ohne Pause im Auto mit einer Stundengeschwindigkeit von 100 Kilometern abfahren, so wären wir fast 17 Tage oder genau 383 Stunden unterwegs. Messen wir diese Zahlen an den Entfernungen, die wir normalerweise täglich zurücklegen, ist schon unsere Erde sehr groß. Vergleichen wir sie aber mit den Ausmaßen anderer Himmelskörper, dann ist sie nur ein kleiner Planet. Unsere Erde paßt zum Beispiel in die Sonne 1 300 000 mal hinein.

In 24 Stunden dreht sich die Erde wie ein Kreisel oder ein Karussell gleichmäßig um die eigene Achse. Wenn wir in einem fahrenden Karussell sitzen, scheint es, als ob sich Häuser

und Bäume um uns drehten. In Wirklichkeit bleiben sie aber stehen, und wir selbst sind in Fahrt. Ähnlich geht es uns mit den Himmelskörpern. Es sieht aus, als ob die Sonne, der Mond und die Sterne von Osten nach Westen über uns vorbeiziehen. Das ist ein Irrtum. Die Bewegung kommt im Gegenteil dadurch zustande, daß die Erde sich von Westen nach Osten wie ein Karussell um die eigene Achse dreht. Nur der Polarstern scheint sich gar nicht zu bewegen, weil er in der Verlängerung der Erdachse steht. Auch hier ist es wie auf dem Karussell, auf dessen Drehachse ein Luftballon angebracht ist. Der Luftballon bewegt sich nicht, im Gegensatz zu den Häusern und Bäumen, die scheinbar außen an uns vorbeirauschen. Zwar steht der Polarstern nicht ganz genau über dem nördlichen Himmelspol, also in einer gedachten Verlängerung der Erdachse, sondern weicht um zwei Vollmondscheiben seitlich ab –

aber das fällt kaum auf. Viele Sterne, die nicht sehr weit vom Polarstern entfernt stehen, beschreiben im Lauf von 24 Stunden einen so kleinen Kreis um den nördlichen Himmelspol, daß sie für uns niemals untergehen können. Diese ‚Sterne des Nordens' nennen wir auch ‚Zirkumpolarsterne'. Drei Sternbilder dieser Gruppe haben wir schon kennengelernt: die beiden *Bären* und den *Drachen*. Ein besonders schönes Sternbild ist die *Kassiopeia*. Ihre fünf Hauptsterne können wir zu dem Buchstaben W zusammenfügen. Neben ihr steht das Sternbild *Kepheus* mit dem Hauptstern *Alderamin*.

Auch der *Perseus*, in der griechischen Sage der Sohn des Göttervaters Zeus, gehört zu den immer sichtbaren Sternbildern. Es sieht aus wie ein großes Ypsilon. Der hellste Stern in diesem Bild heißt *Algenib*. Stark leuchtet auch *Kapella*, der Hauptstern im *Fuhrmann*. Dieses Bild gehört größtenteils zu den Zirkumpolarsternen. Und schließlich geht auch *Deneb*, der Hauptstern des *Schwans*, für uns nicht unter.

Weitere Sternbilder des Nordens sind weniger auffällig: der *Luchs* und die *Giraffe* sowie Teile der Sternbilder *Jagdhunde*, *Bootes* oder *Bärenhüter*, *Herkules*, *Eidechse* und *Andromeda*.

Die Zirkumpolarsternbilder können ganz unterschiedliche Stellungen im Norden zeigen, laufen aber gegen den Uhrzeigersinn um den *Polarstern* herum. Unsere Karte gibt den Stand der Sterne wieder, wie sie im Frühling, am 1. April um 23 Uhr und am 1. Mai um 21 Uhr zu sehen sind. Dieser Stand wiederholt sich immer am ersten Tag der folgenden Monate jeweils zwei Stunden früher. Am 1. September beispielsweise stehen diese Sterne um 13 Uhr am Himmel – wir können sie nur tagsüber nicht sehen.

Aber Achtung: diese Zeitangaben richten sich nach der normalen mitteleuropäischen Zeit (MEZ). Solange die Sommerzeit gilt, müßt ihr zu den oben angeführten Uhrzeiten jeweils noch eine Stunde hinzuzählen. Das gilt auch für andere Uhrzeitangaben in diesem Buch!

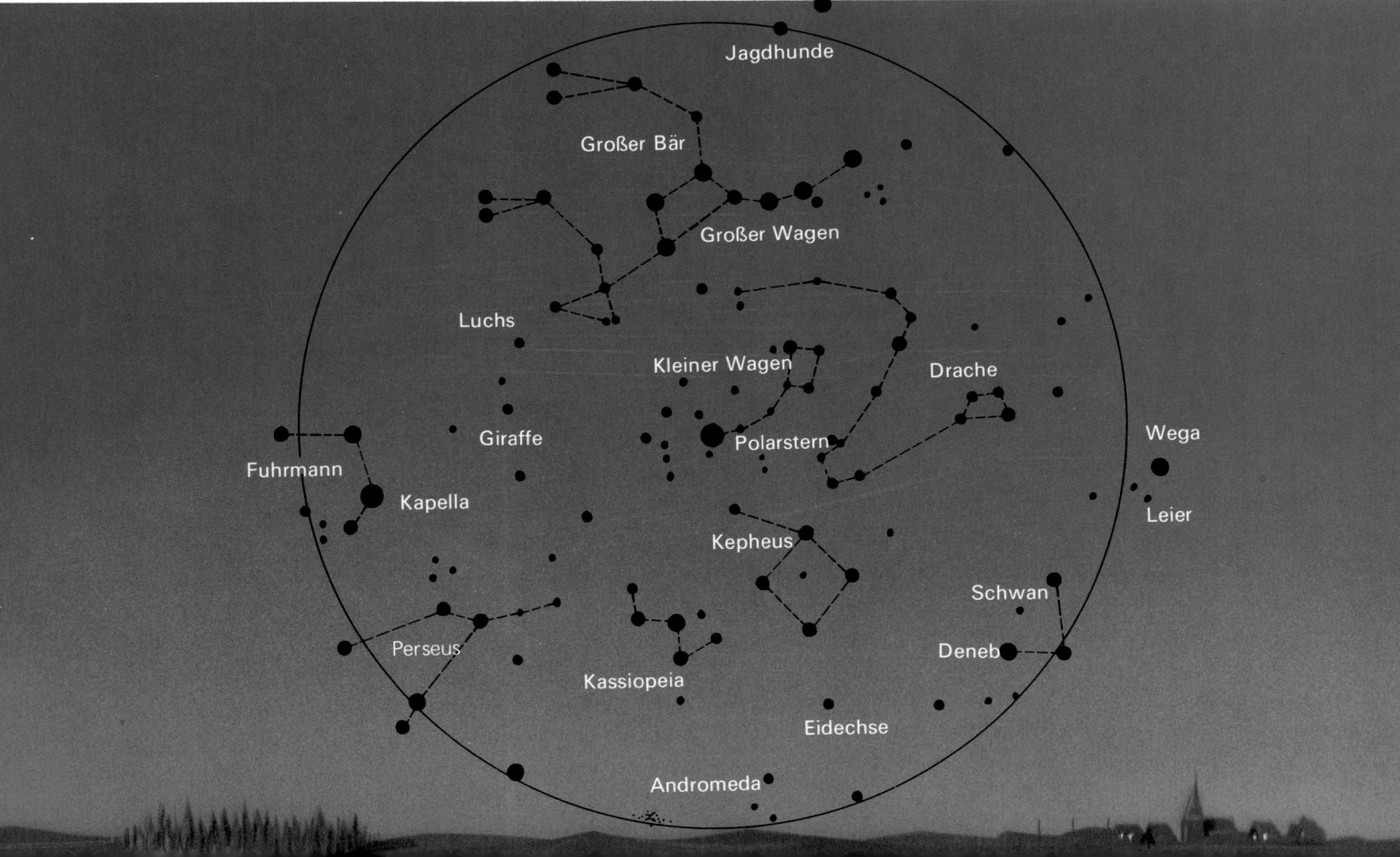

Der Himmelsjäger Orion im Kampf gegen den Stier

Jede Jahreszeit hat ihren typischen Sternhimmel. Schauen wir an Winterabenden, am besten zwischen 8 und 9 Uhr, nach Süden, dann finden wir dort die Sternbilder der Jahreszeit versammelt. Das schönste Wintersternbild, das wie eine große, menschenähnliche Gestalt aussieht, ist der Himmelsjäger *Orion*. Deutlich erkennen wir die beiden Schultersterne *Beteigeuze* und *Bellatrix*. *Beteigeuze* ist ein Name, der aus der arabischen Sprache stammt und ‚Schulter' bedeutet. Viele Sterne tragen noch heute arabische Namen. Die Araber haben sich nämlich lange Zeit, zwischen 900 und 1400, sehr fleißig mit den Sternen und der Geometrie beschäftigt. Wenn wir *Beteigeuze* genau betrachten, fällt uns auf, daß er gar nicht so schön weiß erscheint, wie wir das von den meisten Sternen erwarten können. Vielmehr zeigt sich *Beteigeuze* deutlich in einer orangeroten Farbe.

Der andere Schulterstern *Bellatrix* trägt einen lateinischen Namen. Zu deutsch bedeutet er ‚die Kriegerin'. Etwas tiefer sehen wir drei fast gleich helle Sterne, die den Gürtel des Jägers bilden. Darunter stehen die beiden Fußsterne. Der rechte ist bedeutend heller als der linke. Sein arabischer Namen ist *Rigel* oder im Deutschen ‚Fuß', weil sich die Araber dort die Füße des Orion vorgestellt hatten. *Rigel* ist im Gegensatz zu *Beteigeuze* ein blauweißer Stern.

Nach einer Sage ist *Orion* zur Strafe von den Göttern der Griechen an den Himmel verjagt

worden, weil er ständig im Streit mit dem Skorpion lag. Dabei haben die Götter weise gehandelt: Auch der Skorpion wurde als Sternbild zum Himmel geschickt, jedoch als Sommersternbild. Deswegen ist er nie gleichzeitig mit dem Orion zu sehen. So konnten sich die beiden Feinde am Himmel nicht mehr treffen oder aufeinander losgehen. Dafür hat Orion andere Jagdgründe aufgetan: Er kämpft gegen den Stier an. Wie einen Schild hält er zum Schutz vor dem Stier ein Tierfell vor sich. Lassen wir unsere Augen vom rechten Schulterstern Bellatrix nach rechts oben wandern, erreichen wir Aldebaran, den Hauptstern im Stier. Dieser Stern zeigt deutlich eine rote Farbe.

Gleich rechts daneben sehen wir eine Gruppe schwacher Sterne, die zusammen mit dem Aldebaran ein kleines Dreieck bilden. Es sind die Hyaden. Der griechische Name bedeutet ,Regengestirn'. Die alten Griechen kamen auf diese Bezeichnung, weil sie beobachtet hatten, daß die Sterngruppe nachts besonders gut sichtbar wird, wenn im griechischen Winter die Regenzeit beginnt. Dort, wo wir das Dreieck von Aldebaran und Hyaden beobachten, stellen wir uns den Kopf des Stiers vor. Seine Hörner ragen weit nach links. Rechts oberhalb der Hyaden erblicken wir eine enge Gruppe von Sternchen. Meist können wir nur sechs Sterne zählen, die sich zur Gestalt eines kleinen Wägelchens zusammenfügen lassen. Viele, die zum ersten Mal diese Sterngruppe am Himmel sehen, meinen deswegen auch, es sei der Kleine Wagen. Aber von Seite 8 wissen wir bereits, daß der ,,echte'' Kleine Wagen an einer ganz anderen Stelle des

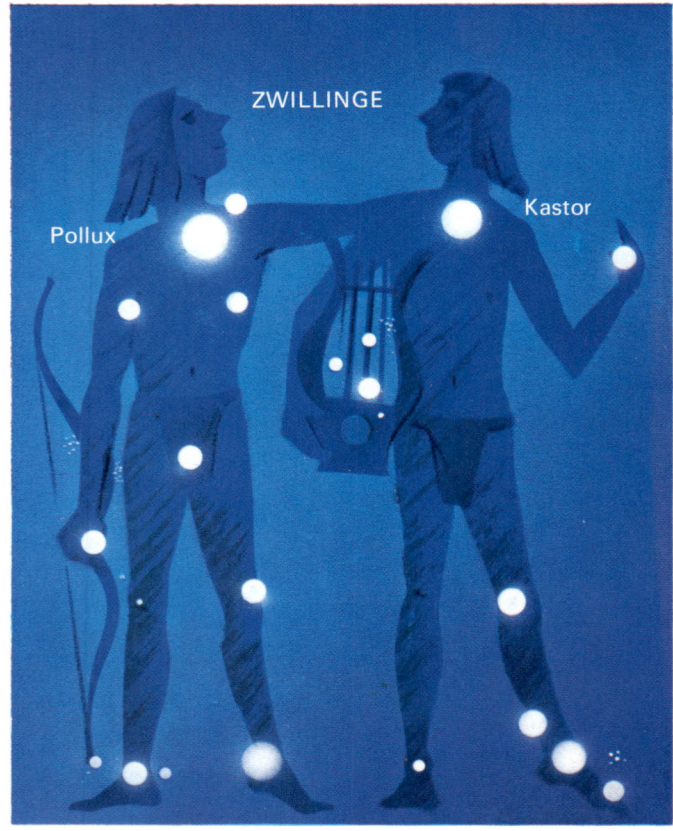

ZWILLINGE

Pollux

Kastor

Himmels zu finden ist, nämlich im Norden. Was wir da als kleine Sterngruppe sehen, ist vielmehr das Siebengestirn. Der Himmelsforscher spricht auch von den Plejaden. Dazu dachte man sich früher noch viele andere Namen aus, wie ,Leiterwägelchen', ,Kuckucksgestirn' oder ,Gluckhenne'. Die Griechen glaubten hier, eine Taubenschar am Himmel zu sehen. Wer ein Fernglas zu Hilfe nimmt, wird erkennen, daß die Plejaden aus noch viel mehr Sternen bestehen. Aber schon ohne Fernrohr können wir vom Gebirge aus, wo die Luft klar und rein ist, vielleicht neun oder zehn Sternchen ausmachen. Vorher müssen wir allerdings unsere Augen genügend lange an die Dunkelheit gewöhnt haben.

Links unterhalb des Orion sehen wir einen besonders hellen Stern, den Sirius im Großen Hund. Sirius ist der hellste Stern, den wir am

Himmel beobachten können. Nur noch von einigen Planeten wird er übertroffen. Der Name Sirius ist schon so alt, daß man heute seine genaue Übersetzung nicht mehr sicher kennt. Vielleicht bedeutet Sirius ‚der gleißende Stern'.

Neben dem Großen Hund gibt es noch einen Kleinen Hund, dessen hellster Stern Prokyon heißt. Diese griechische Bezeichnung bedeutet zu deutsch ‚Vorhund'. Der Große und der Kleine Hund sind die Jagdbegleiter des Orion. Unter dem Himmelsjäger ist noch ein anderes Tier, auf das er Jagd macht, aufzufinden: der aus nicht sehr hellen Sternen bestehende Hase. Höher am Himmel, links oberhalb des Orion, sehen wir das mächtige Sternbild der Zwillinge. Zu ihnen gehören die fast gleich hellen Sterne Kastor und Pollux. Der griechischen Sage nach soll Pollux unsterblich gewesen sein. Er war sehr unglücklich darüber, daß sein Zwillingsbruder Kastor dagegen in das Reich der Toten, also in die Unterwelt, eingehen mußte. Und so beschloß Pollux, seinen Zwillingsbruder Tag für Tag zu besuchen. Das war eine sehr beschwerliche Reise. Erst ging es vom Himmel herunter zur Erdoberfläche und dann in die Tiefe des Erdreiches. Dort mußte er gewaltige Flüsse überqueren und wilde Tiere bezwingen. Erst

dann konnte Pollux seinen Bruder treffen. Zum Lohn für diese treue Bruderliebe holten die Götter die beiden Zwillinge als Sterne an den Himmel.

Einen Fluß der Unterwelt, wie ihn Pollux täglich überqueren mußte, finden wir ebenfalls als Sternbild am Himmel. Es wird Eridanus genannt und besteht aus schwachen Sternen, die rechts unterhalb des Orion liegen. Ein Teil des Eridanus liegt aber, von Europa aus gesehen, immer unter dem Horizont. Das gilt auch für Achernar, den hellsten Stern des Eridanus. Um ihn zu sehen, muß man sehr weit nach Süden fahren. Auf den Kanarischen Inseln beispielsweise, einer Inselgruppe vor der nordwestafrikanischen Küste, kann man ihn gerade noch dicht über dem Horizont ausmachen.

Ein anderes Wintersternbild, den Fuhrmann, sehen wir dagegen fast genau senkrecht über uns, ungefähr oberhalb der Zwillinge und des Stiers. Die Sage berichtet, daß er der Erfinder des Wagens gewesen sein soll. Gemeint sind vor allem die großen griechischen Kampf- und Streitwagen, auf denen die Wagenlenker standen und die Zügel der Pferde fest in Händen hielten. Der hellste Stern des Bildes ist Kapella und zeigt eine deutlich gelbe Farbe. Der lateinische Name bedeutet zu deutsch ‚Ziegenböckchen'.

Kapella

FUHRMANN

Die Geschichte vom vergeßlichen Raben

Einst soll Herkules, der Held einer griechischen Sage, sich vorgenommen haben, einen Löwen zu töten. Schon dies hätte von ihm viel Mut verlangt. Der Löwe, den er besiegen wollte, war aber ein besonderes Ungetüm. Sein Fell war so hart wie Eisen. Er lebte in einem Tal der griechischen Berglandschaft Argos in der Nähe von Nemea. Herkules zog los, bewaffnet mit Pfeil und Bogen und mit einem Ölbaum, den er eigenhändig samt Wurzel ausgerissen hatte, als Keule. Nach einigen Tagen der Wanderschaft begegnete Herkules dem Löwen, der in einer tiefen Höhle lebte. Leider hatte die Höhle zwei Eingänge. Ging Herkules auf der einen Seite hinein, so entwischte ihm der Löwe auf der anderen Seite. So mußte der Held zunächst einmal den einen Eingang der Höhle mit riesigen Steinen verschließen. Nun ging Herkules durch den anderen Eingang in die Höhle. Erfolglos versuchte er, den Löwen zu erlegen. Die Pfeile prallten an der harten Löwenhaut ab, und auch die Keule konnte dem Untier nichts anhaben. Schnell warf Herkules seine Waffen zu Boden, stürzte sich auf den Löwen und erwürgte ihn mit seinen Händen. Den *Nemeischen Löwen* können wir als prachtvolles Frühlingssternbild bewundern. Sein Hauptstern trägt die lateinische Bezeichnung *Regulus*, was ins Deutsche übersetzt ‚kleiner König‘ heißt. Am Schwanzende des Löwen sitzt ein Stern mit dem arabischen Namen *Denebola*.

Links neben dem Löwen befindet sich das Sternbild *Jungfrau*, das wir uns auch als den auf die rechte Seite gelegten Buchstaben Y vorstellen können. Die Jungfrau soll die Tochter von Aurora, der Morgenröte, gewesen sein. Der Hauptstern der Jungfrau trägt den lateinischen Namen *Spika*, zu deutsch ‚Kornähre‘. Diese Bezeichnung rührt daher, daß Spika, wenn die Erntezeit beginnt, für einige Wochen am Nachthimmel unsichtbar bleibt. Gelegentlich galt die Jungfrau aber auch als die Göttin der Gerechtigkeit.

Links unterhalb der Jungfrau steht das kleine Sternbild Waage, das noch bis in den Sommer hinein am Abend beobachtet werden kann. Als Sinnbild der Gerechtigkeit liegt sie neben der Göttin der Gerechtigkeit, der Jungfrau. Die beiden hellsten Sterne der Waage haben recht

Herkules kämpft mit dem Löwen

16

schwer auszusprechende arabische Namen: Zuben Elgenubi und Zuben Elschemali. Das sind richtige Zungenbrecher. Die Namen bedeuten ,südliche und nördliche Schere des Skorpion'. Früher dachte man sich nämlich wirklich an dieser Stelle die Scheren dieses gefährlichen Tieres, das noch weiter links liegt und zu den echten Sommersternbildern zählt.

Höher am Himmel steht das Sternbild des *Bärenhüters*, das auch *Bootes* genannt wird, was ,Ochsentreiber' bedeutet. Der hellste Stern des Bildes ist der orangerote *Arktur*. Der Name ist abgeleitet von dem griechischen Arktos, der Bär, und meint soviel wie ,Jäger, der die Bärin im Auge behält'. Zu recht, wie es scheint, denn wenig weiter rechts oben können wir das Sternbild des *Großen Bären* ausmachen. Auf Seite 8 haben wir schon erfahren, daß der Polarstern zum Bild des *Kleinen Bären* gehört und fast genau über dem Nordpol der Erde steht. Ihr könnt euch deshalb selbst einen Reim darauf machen, wie es kommt, daß das Wort ,Arktis', die Bezeichnung für die Gegend um den Nordpol, eng verwandt ist mit dem schon erwähnten Wort Arktos, der Bär.

Die drei hellen Sterne *Regulus, Spika* und *Arktur* bezeichnet man auch als *Frühlingsdreieck*. Daneben gibt es noch weitere interessante Frühlingssternbilder. Etwa halbwegs zwischen *Arktur* und *Regulus* finden wir eine Ansammlung sehr schwacher Sterne. Nur in klaren Nächten, in denen auch das Mondlicht nicht stört, sehen wir diese schwachen Lichtpunkte. Sie werden das *Haar der Berenike* genannt. Nach einer ägyptischen Sage soll die Prinzessin Berenike ihr goldenes Haar geopfert haben. Die Götter nahmen das Opfer an und verwandelten es in Sterne.

Eine Geschichte ist uns auch über die nah am Horizont stehenden Sternbilder des *Raben*, des *Bechers* und der *Wasserschlange* überliefert: Der griechische Licht- und Sonnengott Apollo soll einmal einen Raben, der sein Diener war, gebeten haben, mit einem goldenen Becher an

Der Bärenhüter und der Große Bär

einer nahen Quelle Wasser zu schöpfen. Apollo war nahezu am Verdursten, und er wartete ungeduldig auf die Rückkehr des Raben. Doch der Vogel ließ lange auf sich warten. Als er endlich — mit gesenktem Blick — zurückkam, stellte ihn der Sonnengott ärgerlich zur Rede. Der Rabe aber brachte treuherzig diese Entschuldigung vor: Er sei an der Quelle von einer riesigen Wasserschlange aufgehalten worden, die ihn gehindert habe, das Wasser für Apollo zu schöpfen. — Hat der Rabe vielleicht seinen Auftrag wirklich nicht vergessen und eine echte Wasserschlange getroffen? Dann hätte Apollo den armen Raben zu Unrecht ausgeschimpft. Oder?

Im Frühling können wir sehr schön den *Raben* unterhalb des Sternbilds *Jungfrau* am Himmel beobachten. Vier Sterne sind dort vor allem zu

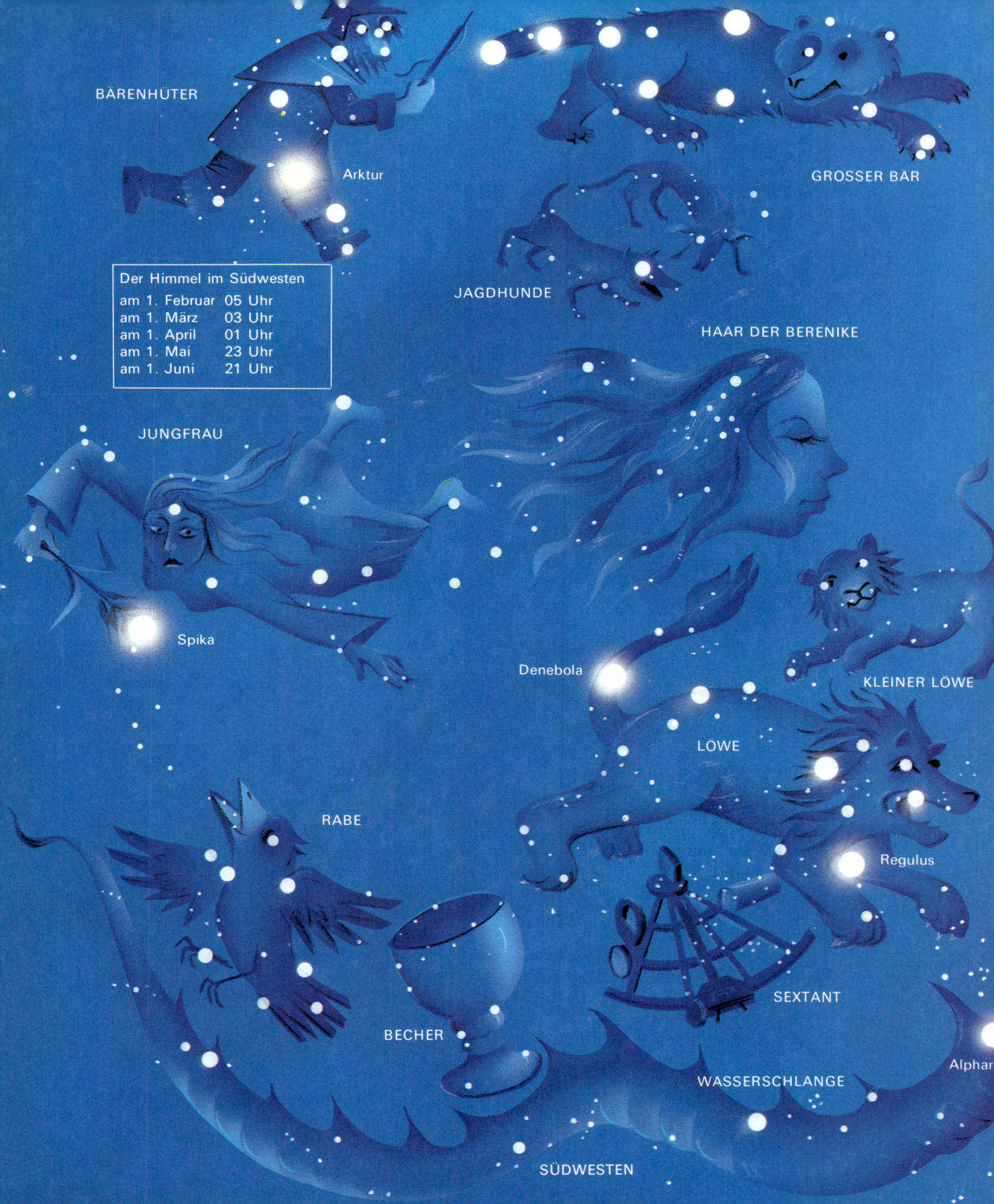

BÄRENHÜTER

Arktur

GROSSER BÄR

JAGDHUNDE

HAAR DER BERENIKE

Der Himmel im Südwesten
am 1. Februar   05 Uhr
am 1. März   03 Uhr
am 1. April   01 Uhr
am 1. Mai   23 Uhr
am 1. Juni   21 Uhr

JUNGFRAU

Spika

Denebola

KLEINER LÖWE

LÖWE

RABE

Regulus

BECHER

SEXTANT

WASSERSCHLANGE

Alphar

SÜDWESTEN

sehen. In einer Zeit, in der es einen dreizehnten Schaltmonat gab (siehe Seite 4), hat man diesem Monat das Sternbild *Rabe* zugeordnet. Die abergläubische Unglücksbedeutung der Zahl dreizehn, die mit diesem Monat verbunden war, übertrug sich auf den Raben. Noch heute nennen wir einen Menschen, der viel Pech gehabt hat, einen Unglücksraben. — Rechts neben dem *Raben* steht ein Halbkreis schwächerer Sterne. Sie bilden das Sternbild des *Bechers*.

Hervorzuheben ist das Bild der *Wasserschlange*, eine Kette sehr schwacher Sterne, die wir in klaren Nächten gerade noch über unserem Horizont in Mitteleuropa sehen können. Es trägt den weiblichen lateinischen Namen *Hydra*. Die *Hydra* ist wesentlich größer als das Sternbild der männlichen Wasserschlange *Hydrus*, das allerdings von Europa aus nicht beobachtet werden kann. Der Kopf der *Hydra* ragt nach rechts bis weit in das Feld der Wintersternbilder hinein, während sich der Schwanz des Ungetüms bis fast zu den Sommersternbildern erstreckt. Wegen dieser Ausmaße wird das Ende der *Wasserschlange* erst sichtbar, wenn der Kopf schon fast wieder im Untergehen begriffen ist. Am Kopf des Fabelwesens steht der Hauptstern *Alphard*. Am besten ist er von *Regulus* aus zu finden, wenn wir von dort nach rechts unten zum Horizont schauen. An Helligkeit kann *Alphard* mit den Sternen des *Großen Wagens* wetteifern. Da es in seiner Umgebung nur schwach leuchtende Sterne gibt, läßt sich sein arabischer Name erklären: *Alphard* bedeutet ‚der vereinzelt dastehende Stern‘.

Noch zwei kleine Frühlingssternbilder sind zu erwähnen. Der große *Löwe* hat ein Kind,

Der vergeßliche Rabe

den *Kleinen Löwen*. Er steht genau über dem großen *Löwen*. Seine Sterne leuchten nur schwach. Dieses kleine Sternbild war im Altertum noch nicht bekannt. Erst vor etwa 300 Jahren wurde es von dem Danziger Astronom Johann Hevel benannt. Etliche Sternbilder haben erst in den letzten Jahrhunderten einen Namen erhalten. Andererseits kannten die ganz frühen Himmelsforscher Sternbilder, die heute in Vergessenheit geraten sind. Höchstens in einigen alten Büchern und Sternkarten sind sie noch zu finden. Zu den „jungen" Sternbildern zählt der *Sextant*, eine Sterngruppe, die ebenfalls von Johann Hevel benannt wurde.

Der *Sextant* enthält wie der *Kleine Löwe* nur sehr schwache Sterne. Er wird nach oben hin durch den großen *Löwen*, nach links durch den *Becher*, nach unten und rechts durch die *Wasserschlange* begrenzt. Das Sternbild des *Sextanten* ist der Seefahrt gewidmet, die auch vor 300 Jahren eine große Rolle gespielt hat. Damals war ein Sextant ein wichtiges Hilfsmittel, um sich auf hoher See zurechtzufinden.

Von Schlange, Skorpion und anderen Tieren

Herkules, den wir schon bei der Beobachtung des *Löwen* kennengelernt haben, ist auch selbst als Sternbild am Himmel vertreten. Wir können ihn besonders gut an Sommerabenden im Süden beobachten. Sein hellster Stern heißt arabisch *Ras Algethi* oder ‚Kopf des Knieenden‘. In seiner Nachbarschaft befinden sich noch eine ganze Reihe anderer Figuren: Sehr steil über uns leuchtet *Wega*, der hellste Stern der *Leier*. Auf dieser Leier soll der Sage nach der Sänger Orpheus

achten können. Wie unser Bild zeigt, ist in den Sternen des Nordkreuzes auch leicht ein fliegender *Schwan* zu erkennen. Am weit vorausgestreckten Kopf des gedachten Tieres sitzt der Stern *Albireo*, an seinem Schwanz der helle *Deneb*. Deneb bildet übrigens zusammen mit Wega und Atair das helle *Sommerdreieck*.

Das Kreuz des Nordens im Sternbild SCHWAN

Äskulap und die Schlange

gespielt haben. Etwas tiefer steht *Atair*, der Hauptstern des *Adlers*. *Wega* und *Atair* sind altarabische Namen und bedeuten ‚der herabstürzende Adler‘ und der ‚herauffliegende Adler‘. Die Araber sahen in den Sternen, die wir als Leier deuten, ebenfalls einen Adler. In der Nachbarschaft der *Leier* können wir weiter links ein riesiges kreuzförmiges Sternbild wahrnehmen. Es wurde von vielen Menschen als *Kreuz des Nordens* bezeichnet – im Gegensatz zum *Kreuz des Südens*, das wir von Europa aus nicht beob-

Ein besonders langgestrecktes Sternbild des Sommerhimmels ist die *Schlange*. Sie soll der Sage nach ein Wunderkraut gefunden haben, das Kranke heilen und Tote aufwecken kann. Dieses Kraut brachte sie Äskulap, dem Gott der Heilkunde. Noch heute ist der von einer Schlange umwundene Äskulapstab das Sinnbild der Medizin. Die himmlische Schlange enthält keine allzu hellen Sterne; ihr Hauptstern heißt *Unuk* oder ‚Hals der Schlange‘. Getragen wird sie von dem *Schlangenträger* Ophiuchus, der

kein anderer ist als Äskulap. Zwischen Herkules und dem Schlangenträger treffen wir auf ein Halbrund schwacher Sterne. Sie bilden das Sternbild der *Nördlichen Krone*, in deren Mitte sich der Stern *Gemma* oder ‚Edelstein‘, befindet.

Lassen wir unseren Blick in Horizontnähe nach Südwesten wandern, entdecken wir das Sternbild der *Waage*, die von altersher als das Sinnbild der Gerechtigkeit gilt. Links folgt die größere Sternengruppe des *Skorpion*. Sein hellster Stern zeigt eine rote Farbe. Es ist *Antares*, was ‚Gegenmars‘ heißt, denn er wetteifert in seiner Farbe mit dem roten Planeten *Mars*. Warum der hitzige Skorpion zum Sternbild erklärt wurde, haben wir schon auf Seite 14 erfahren, als wir das Wintersternbild *Orion* kennenlernten. Die Scheren des *Skorpion* ragen über den *Antares* hinaus nach rechts. Auf alten Sternbildkarten greifen die Scheren noch bis zur *Waage* über. Leib und hochaufgerichteter Stachel des *Skorpion* reichen tief zum Horizont hinunter. Von Norddeutschland aus kann man beispielsweise

nur den Antares und die beiden Scheren ausmachen, während man weiter im Süden das Sternbild ganz am Himmel entdecken kann.

Links vom *Skorpion* befindet sich ebenfalls ganz dicht über dem Horizont der *Schütze*. Er soll der Erfinder von Pfeil und Bogen gewesen sein. Die acht hellsten Sterne des *Schützen*, die wir von Mitteleuropa aus noch beobachten können, werden vor allem in Nordamerika gern als *Teekanne* ausgedeutet. Unser Bild zeigt, wie links oben der Henkel ansetzt und rechts die Schnute der Kanne verläuft. Meist steht die *Teekanne* so am Himmel, als ob man sie nach rechts hin ausgießen wollte.

Zwischen dem Schwanzende des *Adlers* und dem *Schützen* liegt das ganz kleine Sternbild *Schild* versteckt. Die Sterne des *Schildes* wurden vor rund 300 Jahren von Johann Hevel zu einem Sternbild gemacht. Im Jahr 1683, nach der Befreiung der Stadt Wien von den Türken, erhielt das Sternbild dann seinen Namen: Als das belagerte Wien verloren zu gehen drohte, kam in letzter Stunde König Johann III. Sobieski von Polen mit seinem Heer zu Hilfe. Bereits in den vorangegangenen Jahren hatte er den Türken auf verschiedenen Schlachtfeldern einen großen Schrecken eingejagt, und er konnte sie auch diesmal erfolgreich abwehren. Aus Dankbarkeit erfand man deshalb Johann III. zu Ehren das Sternbild *Sobieskischer Schild*.

Zwischen dem *Schwan* und dem *Adler* stehen der *Pfeil* und das *Füchschen*. Das *Füchschen* ist ein vergleichsweise junges Sternbild, das seit etwa 300 Jahren bekannt ist. Bereits aus der griechischen Sage überliefert ist uns das Sternbild des *Pfeils*. Mit dieser Waffe, so heißt es, hätte Herkules den Adler erlegt. Der Adler hatte die Leber des Prometheus angefressen, zur Strafe dafür, daß dieser den Menschen das Feuer vom Himmel geholt hatte. Genauso sagenumwoben ist der *Delphin*. Er soll den berühmten griechischen Sänger und Zitherspieler Arion vor dem Ertrinken gerettet und ihn auf seinem Rücken wohlbehalten nach Korinth gebracht haben.

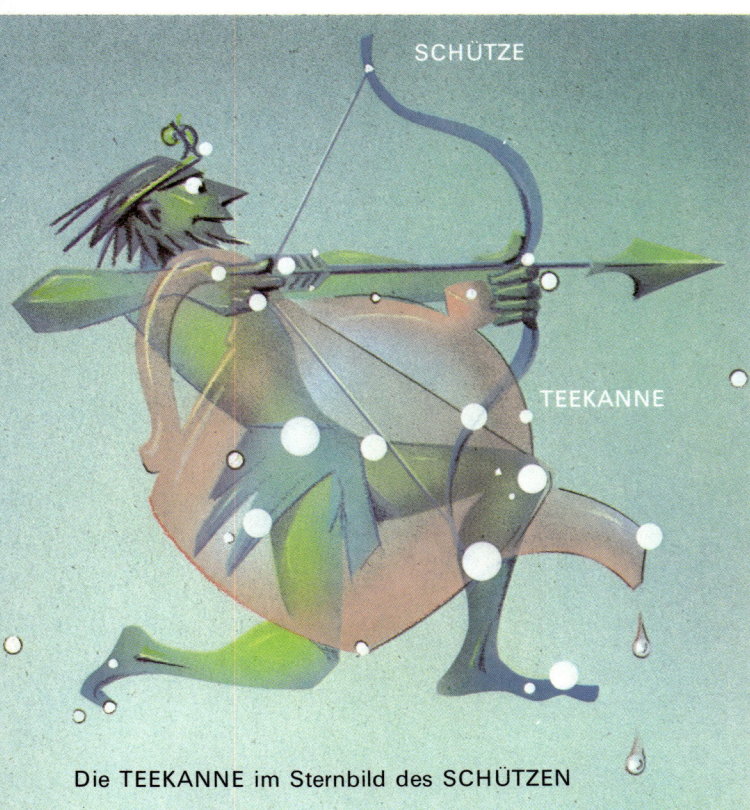

Die TEEKANNE im Sternbild des SCHÜTZEN

SCHWAN
Deneb
Schedir
LEIER
Wega
FÜCHSCHEN
Albireo
PFEIL
Sommerdreieck
ELPHIN
Atair
ADLER
SCHILD

DRACHE

Der Südhimmel am:
1. Juni   01 Uhr
1. Juli   23 Uhr
1. August 21 Uhr

HERKULES
Kugel-
sternhaufen
KRONE
Gemma

Ras Algethi

Ras Alhague
SCHLANGENTRÄGER

Unuk

SCHLANGE

Akrab

Antares

SCHÜTZE

SKORPION

SÜDEN

Die Rettung der Andromeda

Die Sterne sind sehr ungleichmäßig über den Himmel verteilt. An manchen Stellen stehen sie dicht beieinander, an anderen sind nur wenige zu erkennen. Solche sternenleeren Himmelsgegenden begegnen uns an Herbstabenden im Süden. Vor allem am unteren Teil des Südhimmels, knapp über dem Horizont, erscheinen nur wenige, schwächere Sterne. Höher am Himmel können wir ein großes Viereck, das sogenannte *Pegasus*-Quadrat, ausmachen. Es schließt sich nach links die Sternkette der *Andromeda* an. In dem großen *Pegasus*-Quadrat und der *Andromeda* könnte man auch einen riesigen Wagen erkennen, der aber nicht mit dem *Großen Wagen* zu verwechseln ist. Dieser befindet sich natürlich an einer anderen Stelle des Himmels (siehe dazu Seite 8).

Viele Sternbilder, die wir im Herbst entdecken können, entspringen der griechischen Sage. Dazu gehören *Pegasus*, *Andromeda* und der *Walfisch* ebenso wie *Perseus*, *Kassiopeia und Kepheus*. Diese letzten drei können wir in Mitteleuropa zwar das ganze Jahr hindurch, besonders gut aber an Herbstabenden wahrnehmen, wenn sie steil am Himmel heraufziehen.

Einst soll Kassiopeia, Königin von Äthiopien und Gemahlin des Kepheus, die eigene Schönheit über die Maßen gerühmt haben. Sie bildete sich ein, die schönste aller Königinnen und aller Frauen zu sein. Das nahmen ihr die Meerjungfrauen und Nymphen sehr übel. Bitter beklagten sie sich bei Meeresgott Poseidon. Dieser sandte zur Strafe den riesigen Walfisch Cetus an die Küste von Äthiopien. Das Tier hatte einen so mächtigen Körper, daß es mit seinen Bewegungen gewaltige Überschwemmungen erzeugte. Als das Land unterzugehen drohte, befragte man in der Not das Orakel. Der Orakelspruch war grausam. Er lautete, das Ungeheuer könnte von der Küste des Landes nur dann vertrieben werden, wenn man ihm Andromeda, die Tochter der Königin, zum Fraß vorwerfen würde. Da man keinen anderen Ausweg wußte, wurde die arme Andromeda an den Strand geschleppt und dort in Ketten gelegt. Schon wollte das Ungeheuer sie mit aufgerissenem Maul verschlingen, da kam im letzten Augenblick Perseus zu Hilfe.

Perseus besaß eine Wunderwaffe: das scheußliche Haupt der sagenumwobenen Medusa. Statt Haaren wuchsen ihr Schlangen auf dem Kopf und jedes Lebewesen, das sie anblickte, wurde in einen Felsblock verwandelt. Perseus hatte die Medusa, die in einer Höhle lebte, mit einem Trick überlistet. Rückwärts, das ungefähr-

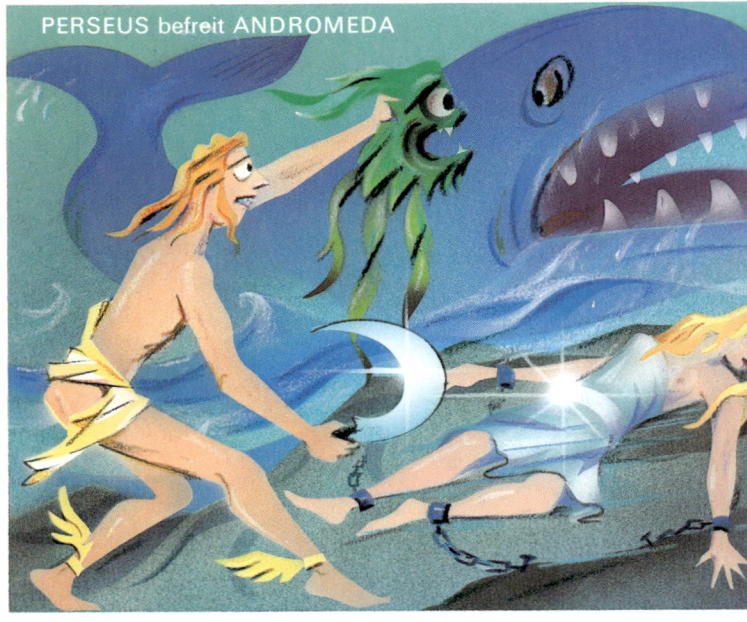

PERSEUS befreit ANDROMEDA

liche Spiegelbild der Medusa in seinem Schild betrachtend, hatte er sich ihr genähert und ihr das Haupt abgeschlagen. Jedem seiner Gegner streckte er nun im Kampf den grausigen Kopf, den er in einem Wandersack bei sich trug, entgegen. Aufpassen mußte er nur, daß die Medusa ihn selbst nie mit ihren Blicken erreichte. So konnte Perseus auch leicht den Walfisch besiegen. Gurgelnd verschwand das in einen Fels verwandelte Untier in der Tiefe des Meeres, und Andromeda war gerettet. Kepheus und die eitle Kassiopeia waren darüber so glücklich, daß sie ihre Tochter dem Befreier zur Frau gaben.

Auch der *Pegasus* steht in einer Verbindung mit der Perseus-Sage: Er soll aus dem Blut der Medusa entsprossen sein. Der Pegasus ist ein fliegendes Pferd, halb Vogel, halb Landtier. Man stellt sich ihn am Himmel meist so vor, daß seine Beine nach oben ragen. Sein Kopf zeigt dabei weiter rechts nach unten. Es gibt aber noch andere Vorstellungen über die Lage des *Pegasus* am Himmel.

Die meisten helleren Sterne im *Pegasus* und in der *Andromeda* tragen altarabische Bezeichnungen. Unten rechts im Pegasus-Quadrat befindet sich der Stern *Markab*, was ,Sattel' bedeutet. Der rechte obere Stern des Vierecks trägt den Namen *Scheat* oder ,Schulter'. Es ist ein roter Stern. Mit arabischem Namen heißt der linke obere Stern des Pegasus-Quadrats *Alpheratz*, auf deutsch ,Schulter des Pferdes', obwohl der Stern von zeitgenössischen Astronomen zur *Andromeda* gezählt wird. Der Stern heißt aber auch *Sirrah* oder ,Nabel'. Laßt euch nicht von den vielen arabischen Namen stören, die gar nicht mit der Darstellung auf den meisten Sternkarten übereinstimmen, auf denen bei *Markab* und *Alpheratz* die Hufe des Pferdes liegen sollen. Es ist im Gegenteil ja gerade besonders spannend, daß es nicht nur viele verschiedene Sagen, sondern auch ganz unterschiedliche Vorstellungen von den einzelnen Sternbildern gibt.

Etwas rechts des *Pegasus* ist das kleine Bild des *Füllens*. Dieses Tier soll Merkur oder Hermes, wie er in der griechischen Sagenwelt auch hieß, dem Kastor – wir kennen ihn aus dem Sternbild der *Zwillinge* – geschenkt haben.

Besonders eindrucksvoll erscheint nahe am Südhorizont das Sternbild des *Walfisches* oder *Cetus*. Bei seinem aufgerissenen Maul, das nach links ragt, liegt der Hauptstern *Menkar* oder – wieder aus dem Arabischen übersetzt – ,Nase'. Am anderen Ende des Sternbilds steht der Stern *Deneb Kaitos* oder ,Schwanz des Walfisches'.

Der Herbsthimmel hat noch einige andere Sternbilder zu bieten. Zwischen dem *Pegasus* und dem *Walfisch* stehen einige schwache Sterne, die als *Fische* gedeutet werden. Wir müssen schon eine sehr klare Nacht abwarten, um sie überhaupt erkennen zu können. Oft hat

Der geflügelte PEGASUS

man auf alten Karten zwei Fische dargestellt, die durch eine Schnur miteinander verbunden sind. Die Götter der Liebe, Venus und Amor, sollen sich einmal in diese Fische verwandelt haben, um unerkannt davonzuschwimmen.

Rechts von den *Fischen* stehen die Sterne des *Wassermanns*. *Fische* und *Wassermann*, beide mit dem nassen Element verbunden, sind typisch für Sternbilder, die man sich nicht streng bildlich am Himmel vorstellen kann. Wir können sie nur im übertragenen Sinn begreifen. Einige

Sternbild FISCHE

Sternbilder stehen mit einem Naturereignis in einer Verbindung. Im *Wassermann* glaubten die Menschen früher einen Regenmacher vor sich zu haben. Denn wenn diese Sterngruppe im frühen Winter allmählich vom Abendhimmel verschwindet, beginnt in den Ländern des Mittelmeeres und des Orients die Regenzeit. Weil dieses jähliche Ereignis scheinbar eng mit dem Lauf der Sterne verbunden ist, widmete man ihnen die Figur des Wassermanns. Er spielt eine ähnliche Rolle wie bei uns der Heilige Petrus, der gelegentlich scherzhaft fürs Regenwetter verantwortlich gemacht wird. Mit den Fischen verhält es sich nicht anders. Auch sie sollen die alljährliche Regenperiode versinnbildlichen.

Links von den *Fischen* sehen wir den *Widder*. Angeblich besaß er Flügel und seine Wolle war aus Gold. Die Sage berichtet, er habe die Kinder Phrixos und Helle, die den Göttern geopfert werden sollten, gerettet. Bei dem Rettungsflug aber stürzte Helle ins Meer. Noch heute nennt man diesen Teil des Meeres Hellespont. Ihr könnt ihn auf einer Karte finden als Meerenge in der Türkei, die das Mittelmeer mit dem Marmarameer und weiter mit dem Schwarzen Meer verbindet. Ein ganz kleines Sternbild ist das *Nördliche Dreieck* zwischen *Widder* und *Andromeda*. Es stellt sinnbildlich das Delta des Nils dar.

Ganz tief über dem Südhorizont sehen wir den *Südlichen Fisch*. Mit ihm verbindet sich die Sage, er habe die ägyptische Königin Isis vor dem Ertrinken gerettet. Der hellste Stern in diesem Bild heißt *Fomalhaut*. Diese arabische Bezeichnung bedeutet ‚Maul des Fisches‘.

Einen großen Teil des Herbsthimmels nimmt auch der *Steinbock* ein. Er befindet sich zwischen dem Sommersternbild *Schütze* und dem *Wassermann*. Der griechischen Sage nach soll sich der Waldgott Pan in diesen Steinbock verwandelt haben, um sich vor dem Riesen Typhon zu verbergen. In noch früherer Zeit stellte man sich hier einen Ziegenfisch vor, ein Doppelwesen, das sowohl auf dem Land als auch im Wasser leben konnte.

WASSERMANN

Wassermann und Steinbock müßt ihr euch rechts an die Fische anschließend vorstellen.

SÜDLICHER FISCH

STEINBOCK

27

Die Sonne zieht über den Himmel

Das Gestirn der Sonne, das Licht und Wärme spendet, wurde von den Menschen vergangener Zeiten als Gottheit verehrt. Ihm zu Ehren wurden Tempel und Kultstätten errichtet. Der Lauf der Sonne war eine ganz besonders herausragende Naturerscheinung, deren tägliche und jahreszeitliche Wiederkehr ängstlich erwartet wurde. Im Süden Englands ist uns eine Jahrtausende alte Sonnenkultstätte erhalten. Stonehenge heißt die Anlage, in der riesige, bis zu 20 Meter hohe Felsblöcke zu einem inneren und einem äußeren Kreis angeordnet sind. Der Eingang der Steinkreisanlage weist ziemlich genau auf die Stelle am Horizont, an der die Sonne am Tage der Sommersonnenwende, am 21. Juni, aufgeht.

Wenn wir sagen, die Sonne geht im Osten auf und im Westen unter, dann stimmt dieser Hinweis auf die Himmelsrichtung nur an zwei Tagen im Jahr ganz genau: am 21. März, dem Frühlingsanfang, und am 23. September, dem Herbstanfang (vergleiche die mittlere Zeichnung auf Seite 29). An diesen Tagen sind Tag und Nacht je zwölf Stunden lang. Wir nennen das ‚Tagundnachtgleiche'. Die Sonne geht dann gegen sechs Uhr früh auf und gegen sechs Uhr abends unter. Beobachten wir die Sonne nach Frühlingsanfang, stellen wir fest, daß sie eine Zeitlang jeden Morgen rund zwei Minuten früher aufgeht und jeden Abend ebenfalls rund zwei Minuten später untergeht. Im Mai und im Juni verschieben sich Sonnenaufgang und Sonnenuntergang etwas langsamer. Die Stelle, an der die Sonne morgens am Horizont heraufkommt, verlagert sich täglich von der genauen Ostrichtung etwas weiter nach Nordosten. Die Stelle, wo sie abends wieder verschwindet, wandert entsprechend gleichmäßig vom genauen Westen

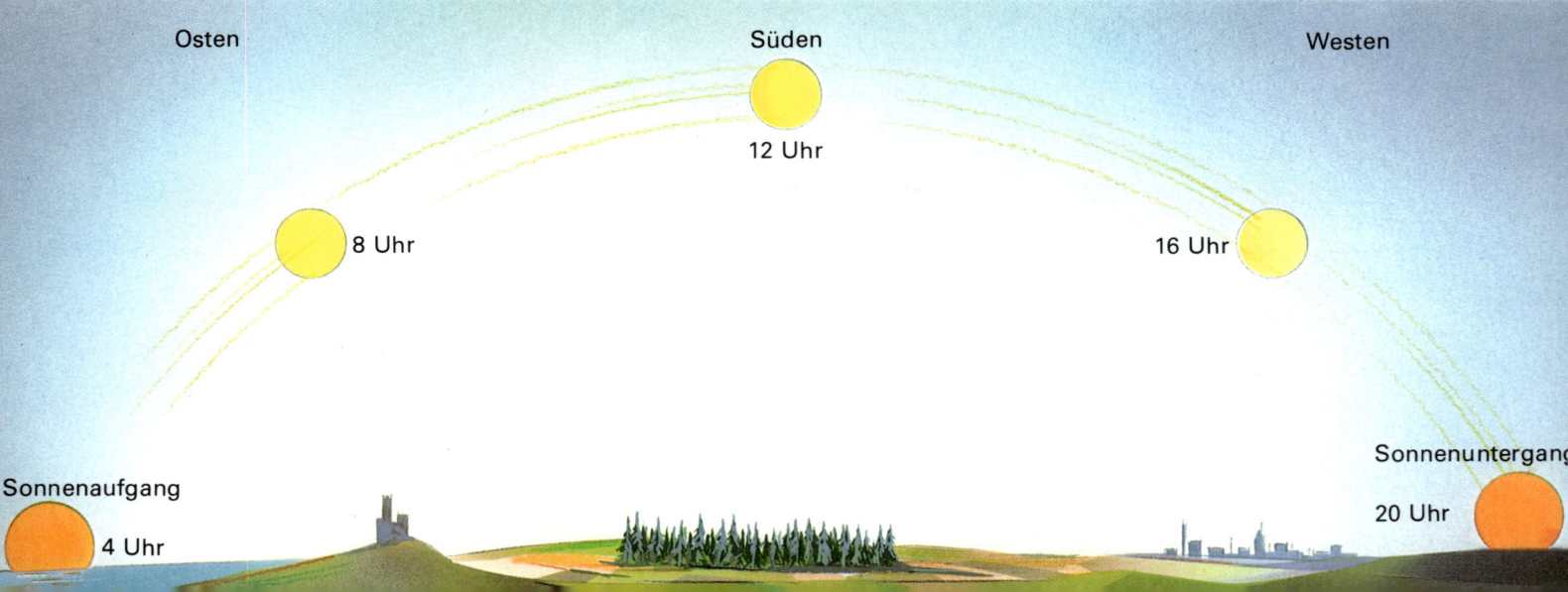

in nordwestliche Richtung. Am 21. Juni erreicht die Sonne die äußersten Stellen ihres Auf- und Untergangsortes etwa im Nordosten und Nordwesten (Zeichnung Seite 29 unten).

Nach der Sommersonnenwende werden die Tage allmählich kürzer. Die Aufgangsstelle der Sonne wandert wieder zum Ostpunkt, die Untergangsstelle in westliche Richtung. Zu Beginn des Herbstes, am 23. September, gibt es, wie schon erwähnt, wieder Tagundnachtgleiche (mittlere Zeichnung). Nach diesem Zeitpunkt geht die Sonne etwas südlich von der genauen Ostrichtung auf und etwas südlich von der Westrichtung unter. Bis zum 22. Dezember werden die Tage allmählich kürzer. Um die Weihnachtszeit haben wir die kürzesten Tage und die längsten Nächte des Jahres. Erst nach acht Uhr morgens ist dann Sonnenaufgang am südöstlichen Horizont und bereits kurz nach vier Uhr nachmittags Sonnenuntergang im Südwesten. Mittags steht der Sonnenball nur ganz flach über dem Südhorizont. Schwach fallen die Sonnenstrahlen zu uns herab (betrachte dazu die obere Zeichnung). Nach dem 22. Dezember, dem Datum der Wintersonnenwende, bleibt es jeden Tag wieder ein bißchen länger hell und die Aufgangs- und Untergangsstellen der Sonne verlagern sich allmählich in die entgegengesetzte Richtung auf den Ost- und Westpunkt zu. Diese werden jährlich am 21. März erreicht.

Die jahreszeitlichen Kälte- oder Hitzeperioden fallen meistens nicht mit dem Winter- und Sommeranfang zusammen, welche vom Lauf der Sonne bestimmt werden. Das liegt daran, daß die Lufthülle und die Erdoberfläche sich nur langsam erwärmen und auch nur langsam wieder abkühlen. Deshalb ist es in den Sommermonaten Juli und August meist wärmer als im Juni, obwohl die Sonneneinstrahlung in diesem Monat wegen seiner langen Tage am stärksten ist. Ähnlich ist es im Winter: Zwar ist die Sonneneinstrahlung im Dezember am geringsten, aber die Lufthülle kühlt nur allmählich ab, und so wird es erst im Januar und im Februar richtig kalt.

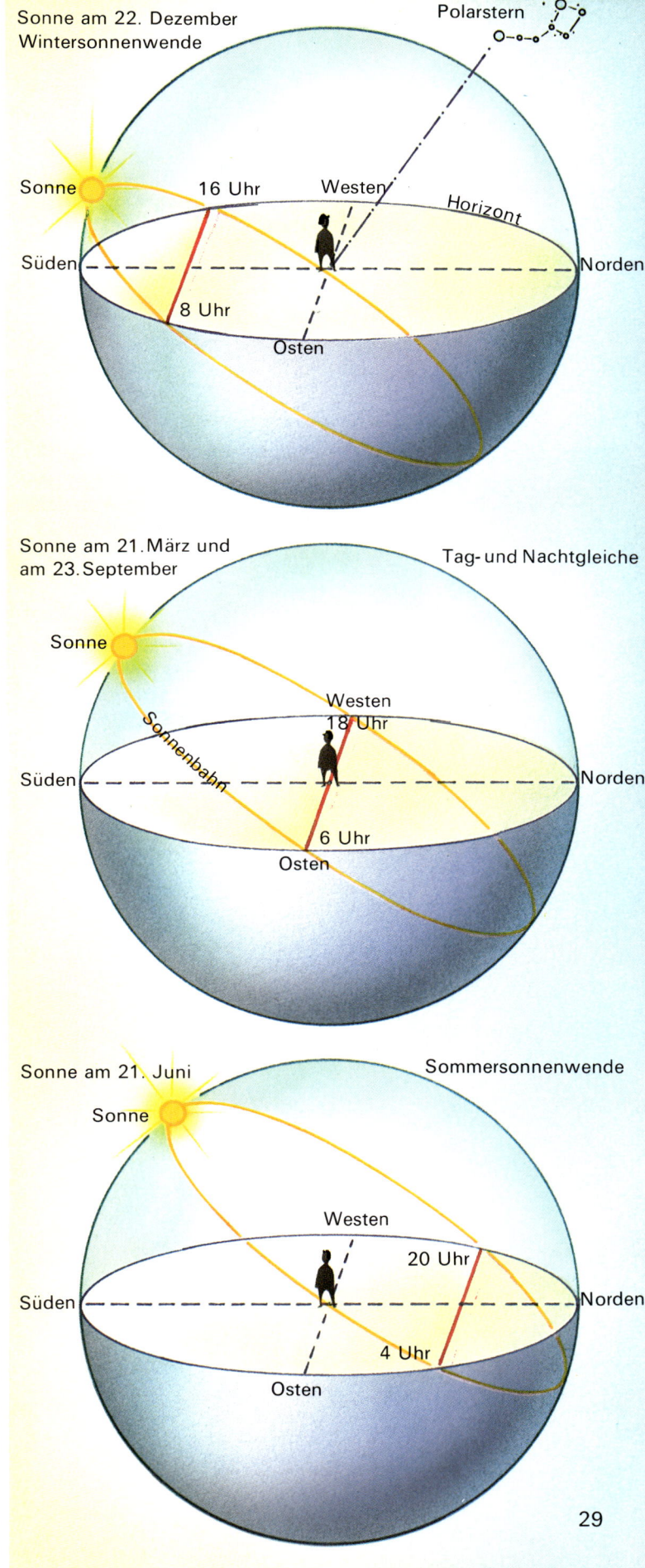

Sonne am 22. Dezember
Wintersonnenwende
Polarstern
Sonne
16 Uhr
Westen
Horizont
Süden
Norden
8 Uhr
Osten

Sonne am 21. März und am 23. September
Tag- und Nachtgleiche
Sonne
Sonnenbahn
Westen
18 Uhr
Süden
Norden
6 Uhr
Osten

Sonne am 21. Juni
Sommersonnenwende
Sonne
Westen
20 Uhr
Süden
Norden
4 Uhr
Osten

Warum sich die Sonne zu bewegen scheint

Im letzten Kapitel berichteten wir vom Lauf der Sonne. Aber wir unterliegen einer Täuschung, wenn wir meinen, die Sonne bewege sich. Wie ist diese Täuschung zu erklären? Wie kommt es, daß die Sonne im Sommer steil am Himmel heraufzieht, während sie im Winter zur Mittagszeit nur knapp über dem Horizont zu sehen ist? Alle diese Veränderungen können wir mit den Bewegungen erklären, die unsere Erde vollführt. Auf Seite 10 wurde dargestellt, daß der morgendliche Sonnenaufgang und der Untergang am Abend durch die tägliche „Karussellfahrt" zustande kommt, die wir mit unserer Erde innerhalb von 24 Stunden machen. Weswegen aber die Sonne sich in den einzelnen Jahreszeiten in unterschiedlicher Höhe am Himmel zeigt und an verschiedenen Stellen auf- und untergeht, hängt mit dem einjährigen Umlauf der Erde um die Sonne zusammen.

Das untere Bild veranschaulicht den Jahreslauf der Erdkugel. Er ist nicht ganz kreisförmig, so daß die Entfernung zwischen Erde und Sonne schwankt. Dieser Entfernungsunterschied hat jedoch auf den Wechsel der Jahreszeiten – daß es also im jährlichen Wechsel warm und kalt wird – keinen Einfluß. Der einzige Grund für den Wechsel von Sommer und Winter ist vielmehr die Schrägstellung der Erdachse.

Unser Bild unten zeigt, daß sie nämlich nicht genau senkrecht auf der Erdbahn steht, sondern etwas geneigt ist. Für die, die es genau wissen wollen: Die Erdachse ist aus der Senkrechtstellung um etwa 23½ Grad gekippt. Nehmen wir als Datum zum Beispiel den 21. Juni. Dann ist die Nordhalbkugel der Erde, auf der wir wohnen, etwas der Sonne zugeneigt, während die Südhalbkugel etwas von der Sonne abgewandt ist. Deswegen werden wir mittags steiler und

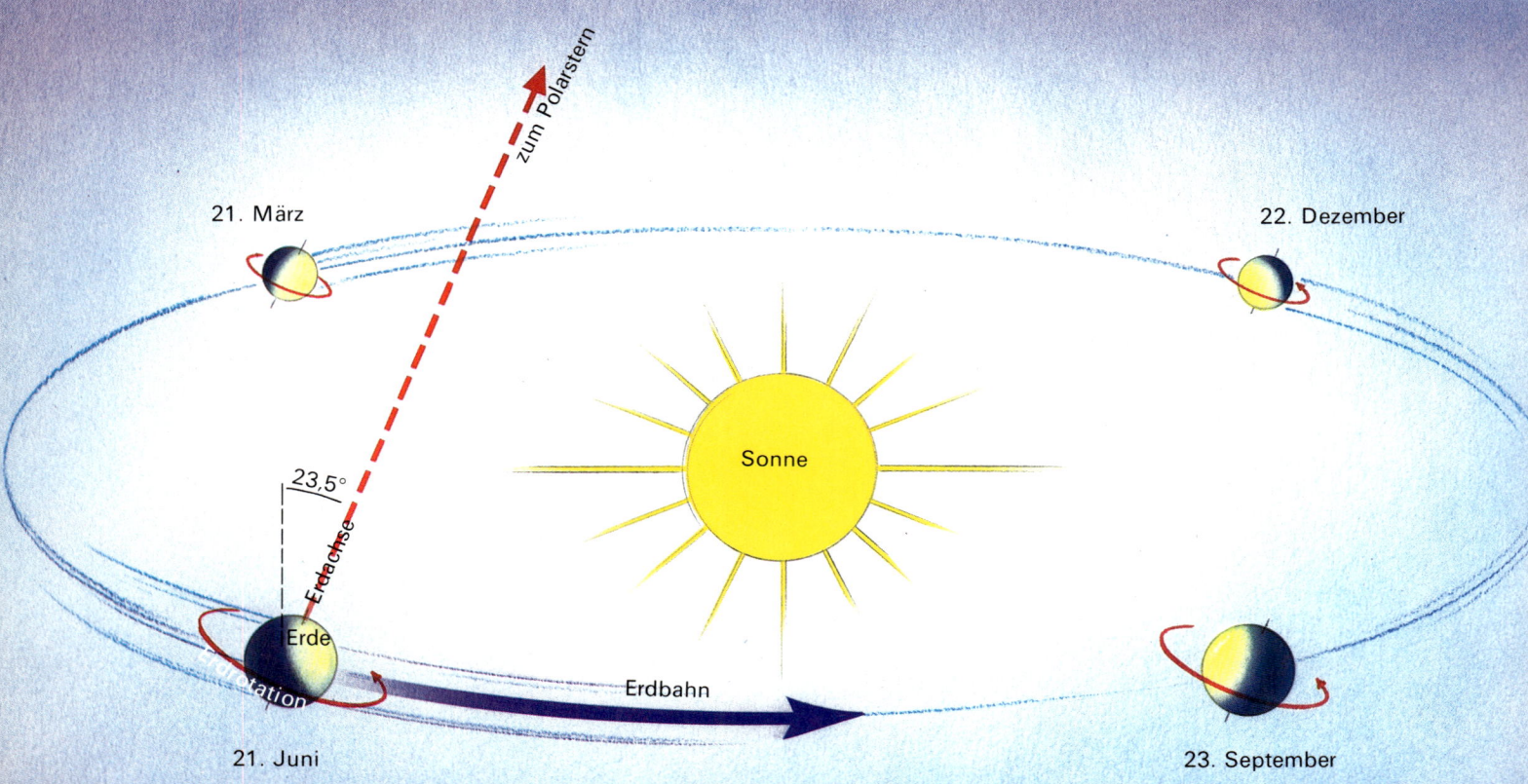

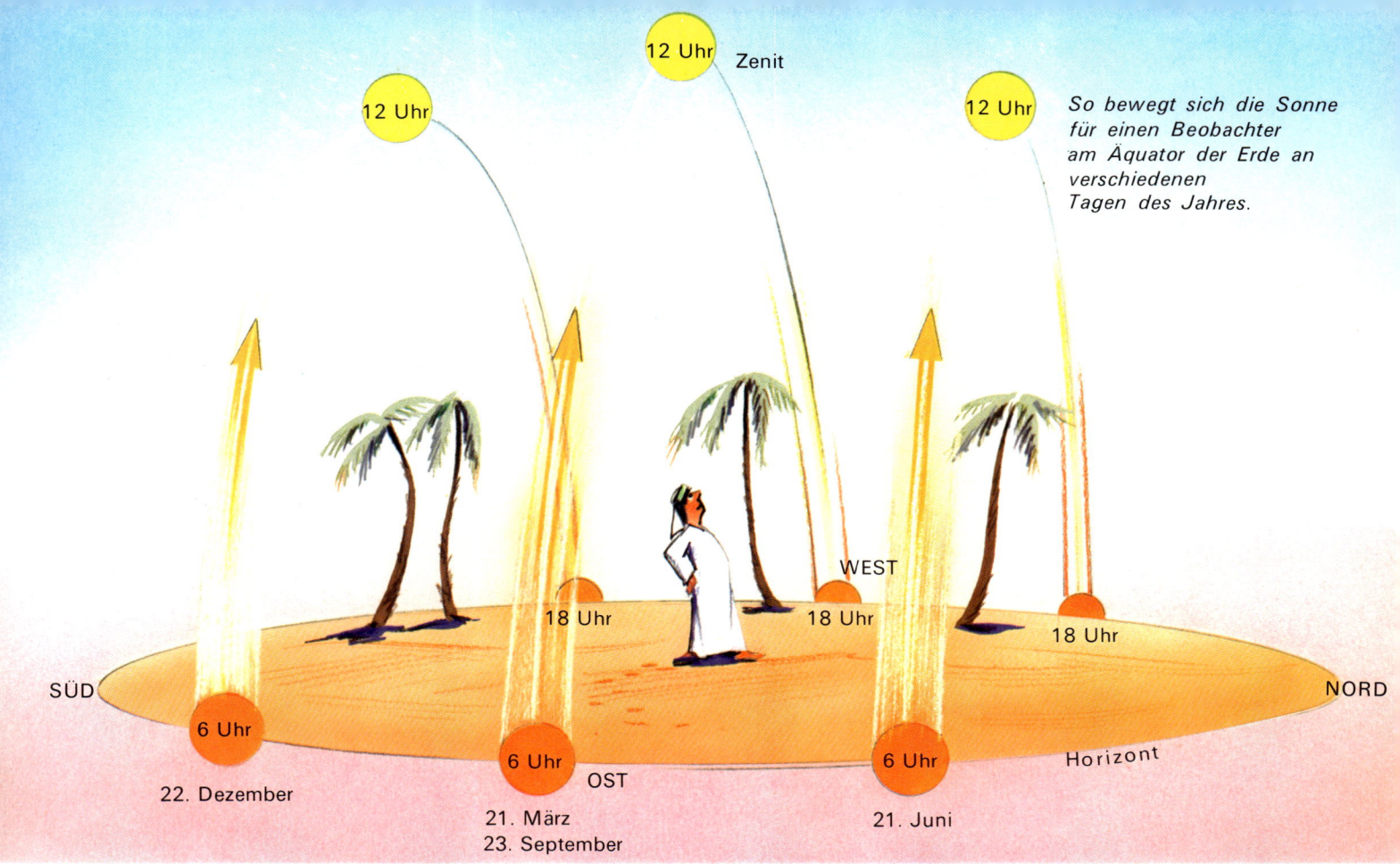

So bewegt sich die Sonne
für einen Beobachter
am Äquator der Erde an
verschiedenen
Tagen des Jahres.

WEST

18 Uhr

18 Uhr

18 Uhr

SÜD

NORD

6 Uhr

6 Uhr
OST

6 Uhr

Horizont

22. Dezember

21. März
23. September

21. Juni

dadurch stärker von den Sonnenstrahlen getroffen als die Menschen auf der Südhalbkugel. Für uns beginnt der Sommer, auf der Südhalbkugel der Winter.

Während die Erde in einem Jahr um die Sonne läuft, bleibt ihre Schrägstellung immer gleich. Die Erdachse zeigt stets, wenn wir sie über den Nordpol hinaus verlängern, zum Polarstern. Ist die Erde am 22. Dezember – wie es unser Bild zeigt – genau gegenüber dem Punkt ihrer Bahn, den sie im Juni erreicht hatte, angekommen, ist nun die Nordhalbkugel von der Sonne etwas weggekippt, die Südhalbkugel dagegen der Sonne mehr zugeneigt. Es verhält sich dann gerade umgekehrt wie im Juni: Die Nordhalbkugel wird jetzt etwas schräger und damit ungünstiger von den Sonnenstrahlen getroffen, während die Südhalbkugel steiler bestrahlt wird. Auf der Nordhalbkugel beginnt der Winter, auf der Südhalbkugel der Sommer. Ihr

wißt jetzt, daß die beiden Halbkugeln der Erde stets entgegengesetzte Jahreszeiten haben und braucht euch künftig nicht mehr zu wundern, wenn bei uns im Sommer in der Zeitung steht, ganz weit im Süden, vielleicht in Australien oder Neuseeland, sei eine Kältewelle ausgebrochen.

Auf unserem Bild oben wird dargestellt, wie die Sonne ihre scheinbare Bahn im Gebiet des Äquators zieht. Der Äquator ist der größte Breitenkreis der Erde und hat den Breitengrad 0. Die Sonne steht am 21. März und 23. September vom Äquator aus gesehen mittags genau im Zenit, dem Scheitelpunkt des Himmels. Sie wirft ihre Strahlen senkrecht auf die Erde, so daß kein Schatten entstehen kann. Nach dem 21. März verlagert sich ihr Aufgangs- und Untergangspunkt allmählich nordwärts, bis sie am 21. Juni etwa zwischen Osten und Nordosten aufgeht und zwischen Westen und Nordwesten untergeht. Dann kehren Auf- und Untergangspunkte wie-

Am 21. Juni ist die Nordhalbkugel, am 22. Dezember die Südhalbkugel der Erde unserer Sonne zugeneigt. Am 21. März und 23. September geht die Grenze zwischen der Tag- und Nachtseite der Erde gerade über den Nord- und Südpol hinweg.

der um. Am 22. Dezember geht die Sonne zwischen Osten und Südosten auf und zwischen Westen und Südwesten unter. Vom Äquator aus betrachtet, geht die Sonne also zwischen dem 23. September und dem 21. März über den Südhimmel hinweg und während des anderen Halbjahres über den Nordhimmel. Noch etwas können Menschen, die genau am Äquator wohnen, beobachten: Sie haben dort das ganze Jahr hindurch Tagundnachtgleiche. Tage und Nächte dauern je zwölf Stunden, obwohl die Sonne in den einzelnen Jahreszeiten nicht gleich hoch am Himmel heraufsteigt. Am 22. Dezember kommt für einen Bewohner am Äquator die Sonne ungefähr so hoch über den Südhorizont herauf wie für uns bei Sommerbeginn. Den gleichen „Tiefstand" erreicht sie noch einmal am 21. Juni, dann allerdings im Norden.

Noch etwas fällt uns auf: Am 21. Juni treffen die Sonnenstrahlen mittags genau senkrecht auf ein Gebiet unserer Erde, das ein wenig nördlich des Äquators liegt. Es ist der nördliche Wendekreis oder Wendekreis des Krebses. Er ist vom Äquator aus $23^1/_2$ Grad nach Norden hin verschoben. Umgekehrt ist es wieder am 22. Dezember. Da fallen die Sonnenstrahlen senkrecht auf den südlichen Wendekreis oder Wendekreis des Steinbocks in $23^1/_2$ Grad südlicher Breite.

Je weiter man vom Äquator aus in Richtung Nordpol oder Südpol kommt, desto größer werden die jahreszeitlichen Unterschiede. In Mitteleuropa sind die Tage und Nächte je nach Jahreszeit zwischen acht und sechzehn Stunden lang. Noch größer werden die Unterschiede, wenn man von uns aus weiter nach Norden, etwa nach Skandinavien, geht. Dort sind im Sommer die Tage noch länger und die Nächte noch kürzer als bei uns. Im Winter ist es dann umgekehrt. Die Tageszeit schrumpft auf wenige Stunden zusammen, während die Nächte sehr lang sind. Weit hoch im Norden, am nördlichen Polarkreis, $66^1/_2$ Breitengrade vom Äquator entfernt, geht die Sonne am 21. Juni gar nicht mehr unter. Sie ist um Mitternacht noch knapp über dem Nordhorizont zu sehen. Die Erdkugel steht nämlich zu diesem Zeitpunkt so zur Sonne, daß das Gebiet vom Nordpol bis zum Polarkreis dauernd beschienen wird. Deshalb wird das Land nördlich des Polarkreises auch als „Reich der Mitternachtssonne" bezeichnet.

Am 22. Dezember dagegen, wenn die Erdkugel sich auf ihrer Bahn mit dem Nordpol von der Sonne etwas weggeneigt hat, kommt der Sonnenball am Polarkreis gar nicht mehr über den Horizont herauf. Es ist die sogenannte Polarnacht. Selbst mittags bleibt die Sonne verborgen und es gibt um diese Zeit lediglich eine helle Dämmerung. Ganz im Norden, im unmittelbaren Bereich des Pols, kommt es noch schlimmer: Wie unser Bild auf Seite 30 zeigt, liegt der nördlichste Punkt der Erde ab 23. September

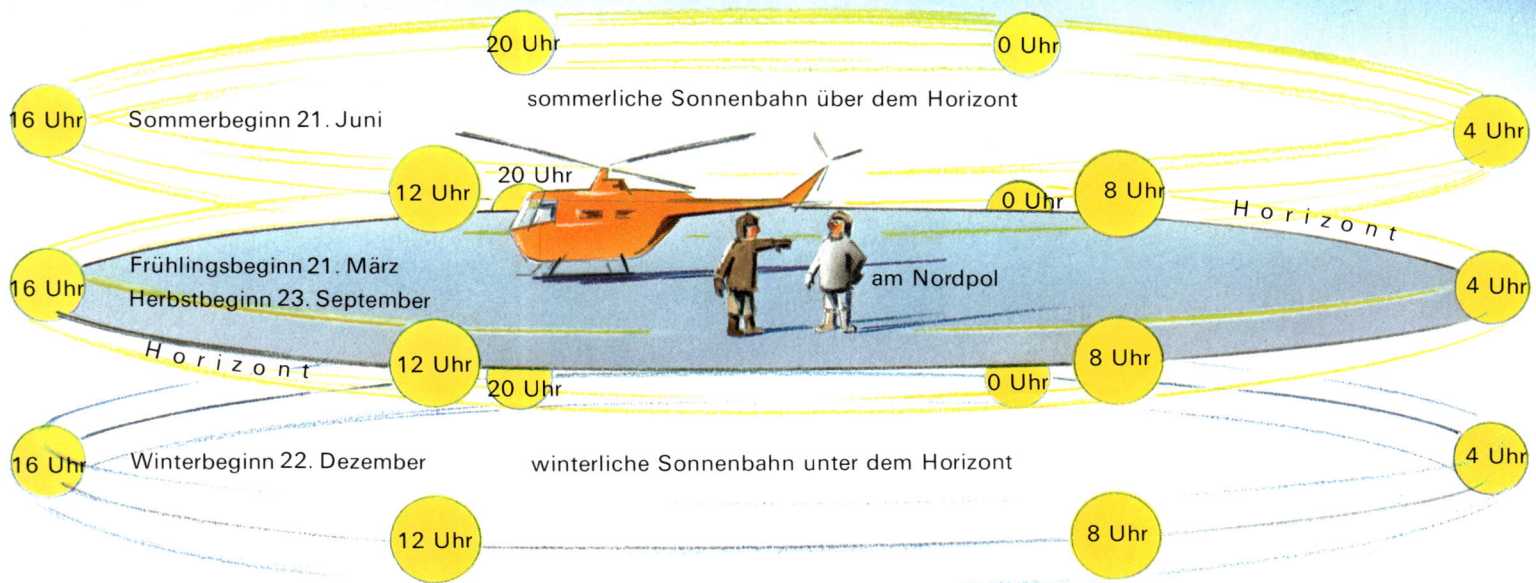

Die Sonnenbahnen am Nordpol

20 Uhr   **0 Uhr**

sommerliche Sonnenbahn über dem Horizont

16 Uhr   Sommerbeginn 21. Juni   **4 Uhr**

12 Uhr   **20 Uhr**   **0 Uhr**   **8 Uhr**   H o r i z o n t

16 Uhr   Frühlingsbeginn 21. März   **4 Uhr**
Herbstbeginn 23. September   am Nordpol

H o r i z o n t   **12 Uhr**   **20 Uhr**   **0 Uhr**   **8 Uhr**

16 Uhr   Winterbeginn 22. Dezember   winterliche Sonnenbahn unter dem Horizont   **4 Uhr**

12 Uhr   **8 Uhr**

dauernd auf der Nachtseite der Erde; der Sonnenball bleibt stets unter dem Horizont. Erst am 21. März geht für einen Bewohner am Nordpol die Sonne wieder auf. Sie dreht sich nach diesem Zeitpunkt, dem Beginn des Polfrühlings, allmählich in schraubenartigen Bewegungen über den Horizont herauf und erreicht am 21. Juni ihren höchsten Stand des Jahres. Der ist allerdings nicht sehr viel höher als bei uns an einem Wintertag. Nach dem 21. Juni schlängelt die Sonne wieder herunter, bis die Kugel am 23. September erneut unter dem Horizont verschwindet. Am Nordpol ist also ein halbes Jahr lang Polartag. Nach dem 23. September geht die Sonne immer tiefer unter den Horizont. Die Abenddämmerung zieht sich wochenlang hin. Im November ist es dann vollständig dunkel am Nordpol. Erst im Laufe des Februars wird es allmählich wieder heller. Am 21. März steigt die Sonne wieder über den Horizont herauf. Auch die Polarnacht dauert einschließlich Dämmerung ein halbes Jahr. Nachdem ihr schon wißt, wie es sich mit den Jahreszeiten auf der Süd- und Nordhalbkugel der Erde verhält, könnt ihr euch jetzt denken, daß am Südpol alles wieder entgegengesetzt sein muß. Haben wir am Nordpol Polartag, ist am Südpol Polarnacht und umgekehrt.

Die Sonne und die Tierkreisbilder

Unsere Sonne geht, von der Erde aus gesehen, in den einzelnen Jahreszeiten nicht nur an verschiedenen Stellen auf oder unter und erreicht mittags unterschiedliche Höhen über dem südlichen Horizont – sie macht noch eine andere scheinbare Bewegung am Himmel. Diese Bewegung kann man allerdings erst feststellen, wenn man den Sternenhimmel über einige Wochen hinweg regelmäßig beobachtet: So können wir zum Beispiel am 15. April zum Ende der Abenddämmerung im Westen gerade noch die Wintersternbilder betrachten (siehe auch Seite 13). Knapp links von der Westrichtung sehen wir den Himmelsjäger Orion. Die drei Gürtelsterne zeigen nach rechts zu Aldebaran, dem Hauptstern im Stier. Noch weiter rechts sind gerade noch die Plejaden, das Siebengestirn, sichtbar. Im Nordwesten leuchten die Sterne des Perseus. Höher im Westen machen wir Kapella im Fuhrmann ausfindig, links oberhalb des Stiers stehen die Zwillinge Kastor und Pollux. Allerdings sind diese Wintersternbilder schon nach ein bis zwei Stunden unter dem Horizont verschwunden. Die Erde hat sich dann ein wenig weiter von Westen nach Osten um ihre eigene Achse gedreht. Wir können uns das bildlich so vorstellen, daß der Westhorizont etwas nach oben kippt und die Wintersterne mehr und mehr hinter diesem Horizont verschwinden.

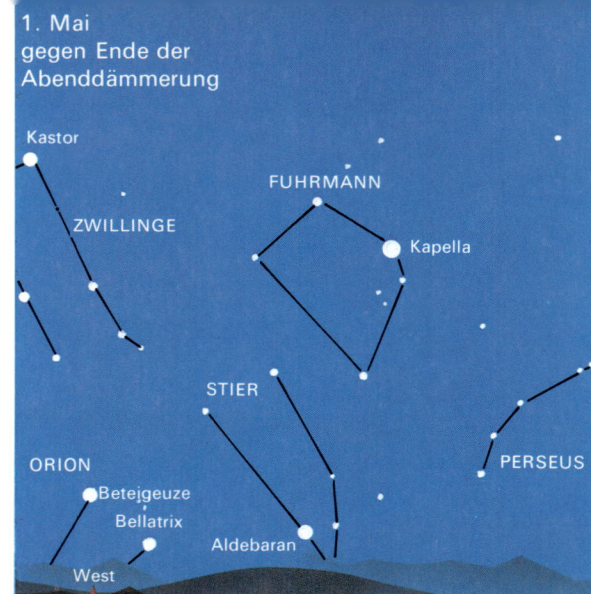

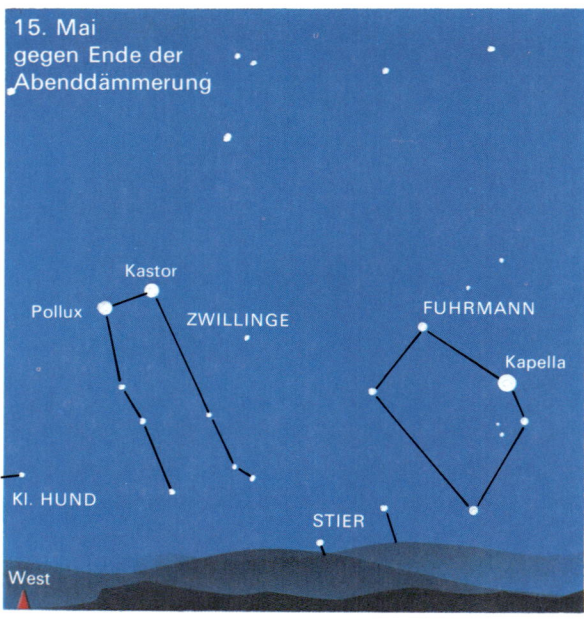

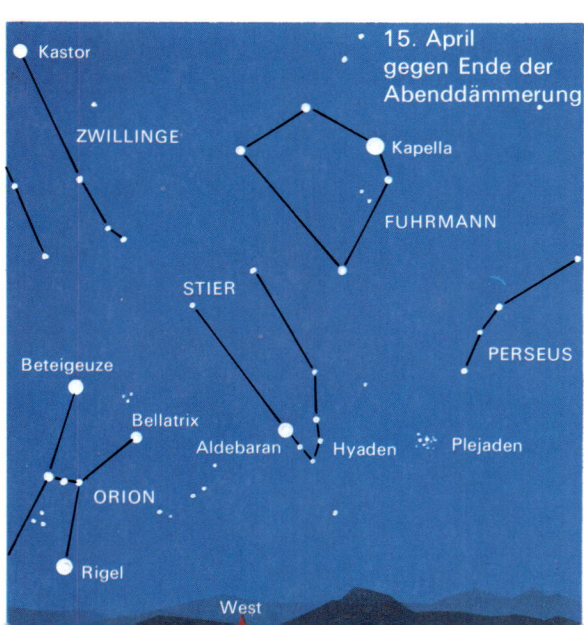

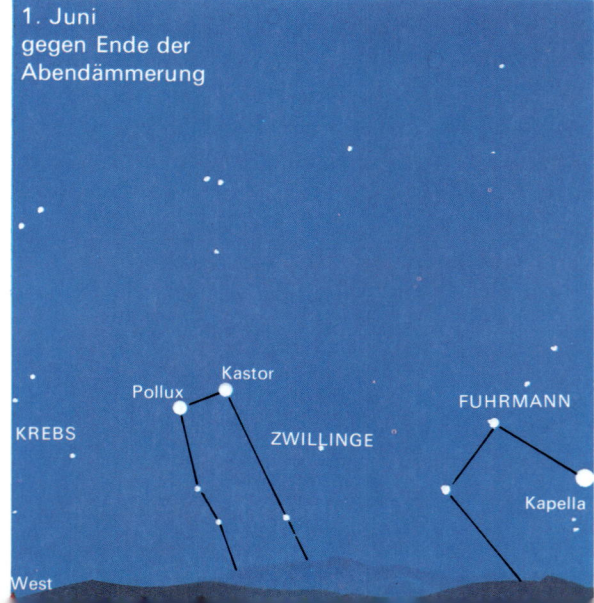

1. August
vor Beginn der
Morgendämmerung

Algenib · Algol · PERSEUS · Kapella · FUHRMANN · Plejaden · STIER · Aldebaran · Kastor · ZWILLINGE · Bellatrix · ORION · Ost

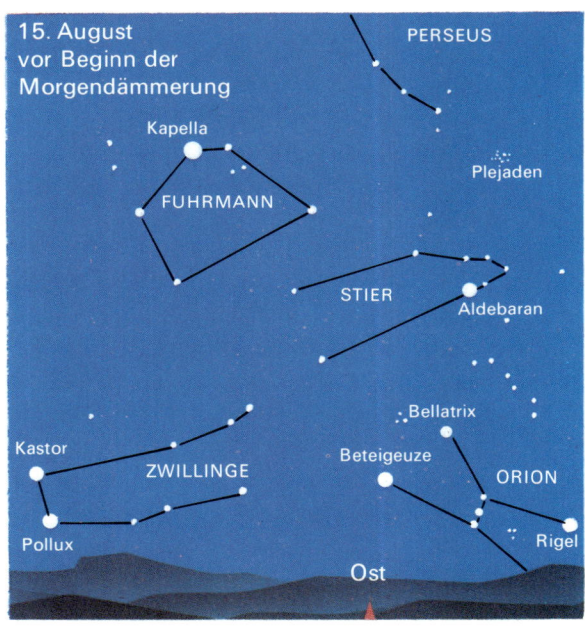

15. August
vor Beginn der
Morgendämmerung

PERSEUS · Kapella · FUHRMANN · Plejaden · STIER · Aldebaran · Kastor · ZWILLINGE · Pollux · Bellatrix · Beteigeuze · ORION · Rigel · Ost

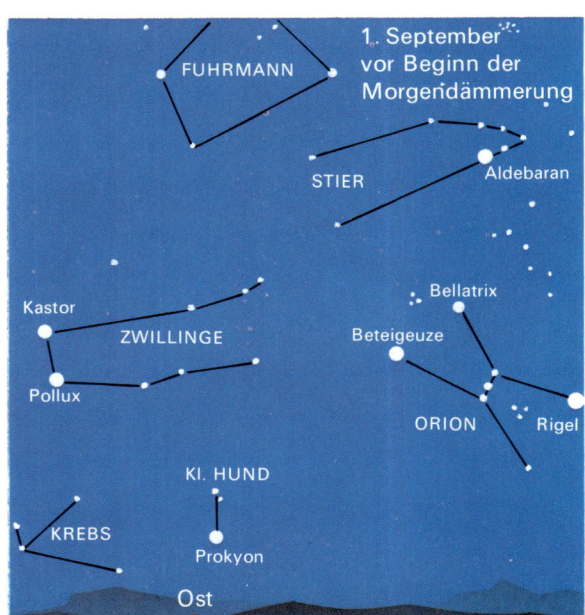

1. September
vor Beginn der
Morgendämmerung

FUHRMANN · STIER · Aldebaran · Kastor · ZWILLINGE · Pollux · Bellatrix · Beteigeuze · ORION · Rigel · KL. HUND · KREBS · Prokyon · Ost

Nun beobachten wir die Wintersternbilder in den folgenden Tagen und Wochen, immer beim Eintritt der Dunkelheit. Im Lauf der Zeit bemerken wir, daß die Sterne und Sternbilder, die wir Mitte April gerade noch über dem westlichen Horizont gesehen haben, immer weniger gut zu sehen sind und schließlich ganz aus unserem Blickfeld verschwinden. Anfang Mai können wir gerade noch die obersten Teile des Orion, vor allem Beteigeuze sehen. Auch Aldebaran wird gerade noch zu erkennen sein, während die Plejaden nur noch mit Schwierigkeiten zu finden sind. Allzu dicht stehen diese Sterne bereits am Horizont. Perseus, Fuhrmann und Zwillinge sind zwar noch gut zu sehen, sind aber ein gutes Stück näher zum Horizont gewandert. Wieder zwei Wochen später, also Mitte Mai, sind Orion und Stier endgültig verschwunden. Fuhrmann und Zwillinge stehen etwa da, wo wir einen Monat früher den Stier und den Orion gesehen haben. Anfang Juni wandern auch Fuhrmann und Zwillinge teilweise unter den Horizont. Nur ihre obersten Sterne wie Kapella, Kastor und Pollux sind noch zu sehen. Zur Zeit der Sommersonnenwende sind auch die Zwillinge verschwunden.

Wer nun wissen will, warum diese Sternbilder verschwinden und wann sie wieder auftauchen, der kann seine Beobachtungen Mitte Juli fortsetzen, diesmal allerdings am Morgenhimmel. Vor Beginn der Morgendämmerung kommen dann über dem Nordhorizont zuerst die Plejaden hoch. Etwa zwei Wochen später wird der Stier sichtbar. Im Laufe des August tauchen die Zwillinge und der Orion vor Morgengrauen über dem östlichen Horizont wieder auf.

Das geheimnisvolle Verschwinden der Sternbilder für einige Zeit hat die Astronomen bereits vor Jahrtausenden beschäftigt. Erstaunlicherweise hatten sie auch schon die Lösung dieses Rätsels gefunden: Die Sternbilder können immer dann nicht gesehen werden, wenn die Sonne zwischen ihnen und der Erde steht. Die Sonne verdeckt also die verschwundenen Sternbilder;

obwohl die Sterne eigentlich sehr weit hinter der Sonne stehen, benutzen die Astronomen die Redewendung „die Sonne läuft durch diese Sternbilder".

Im Juni wandern die Sternbilder Stier, Orion oder Zwillinge hinter der Sonne unsichtbar über den Tageshimmel hinweg und können weder nachts noch abends oder morgens gesehen werden. Der Bereich, durch den die Sonne im Laufe eines Jahres scheinbar läuft, wird von zwölf Sternbildern besetzt. Sieben dieser Sternbilder haben Tiernamen, so daß man auch vom Tierkreis spricht, oder, mit einer altgriechischen Bezeichnung, vom ‚Zodiakus'. Die genaue Bahn aber, die unsere Sonne scheinbar durch die zwölf Tierkreissternbilder hindurch beschreibt, nennt man die Ekliptik.

Da die Tierkreissternbilder nicht die gleiche Ausdehnung haben, benötigt die Sonne eine verschieden lange Zeitspanne, bis sie jeweils durch ein Tierkreissternbild gelaufen ist. Sehr breit ist beispielsweise der Stier, sehr schmal die Waage oder der Krebs. Durch das Sternbild der Fische – eigentlich: vor dem Sternbild der Fische vorbei – bewegt sich die Sonne vom 12. März bis zum 16. April. Anschließend tritt sie in den Bereich des Widder ein, dessen Ende sie am 10. Mai erreicht. Bis zum 20. Juni bewegt sich die Sonne durch den Stier, bis zum 21. Juli durch die Zwillinge. Bis zum 11. August läuft sie durch den Krebs, bis zum 16. September dann durch den Löwen. Von diesem Tag an bis zum 27. Oktober durchquert die Sonne den Bereich des Sternbilds Jungfrau. Nur bis zum 21. November dauert es, bis auch die Waage durchlaufen ist. Darauf kommt der Skorpion an die Reihe; die Sonne verläßt dieses Sternbild am 17. Dezember. Dabei ist allerdings auch der südlichste Teil des Schlangenträgers mit einbegriffen, der – und das ist eine Ausnahme im Tierkreis – noch ein wenig in die Sonnenbahn hineinragt. Dieser Bereich des Schlangenträgers liegt etwas oberhalb des Skorpions. Vom 17. Dezember bis 22. Januar wandert die Sonne

durch den Schützen. Darauf folgen bis zum 18. Februar das Sternbild des Steinbocks und bis zum 11. März der Wassermann.

Die scheinbare Bewegung der Sonne erklärt nicht nur, warum Sternbilder zu bestimmten Zeiten nicht am Himmel zu sehen sind; sie erklärt auch, warum einzelne Sternbilder in unterschiedlichen Jahreszeiten besonders günstig beobachtet werden können. Die Wintersternbilder, zum Beispiel der Stier und die Zwillinge, stehen in den Wintermonaten von der Erde aus gesehen der Sonne am Himmel gegenüber. Sie können durch die Sonne nicht verdeckt werden. Man kann sie daher die ganze Nacht hindurch beobachten. In der entgegengesetzen Jahreszeit, im Sommer, steht die Sonne genau zwischen der Erde und diesen Sternbildern, so daß sie, von uns aus gesehen, unsichtbar sind.

Wir haben bis jetzt immer über die Tierkreissternbilder geschrieben, also die Sterne, die wir am Himmel sehen können. Wenn ihr davon gehört oder gelesen habt, daß ihr unter dem astrologischen Sternzeichen des Widders oder Steinbocks geboren seid, so ist damit noch etwas anderes gemeint. Die Sternzeichen oder Tierkreiszeichen (siehe unten) fallen nämlich nicht zeitlich genau mit den Tierkreissternbildern zusammen. Der Grund dafür soll hier kurz erklärt werden: Die Erdachse macht wie ein „eiernder" Brummkreisel im Laufe von 26 000 Jahren eine Schaukelbewegung. Vor rund 2 000 Jahren, als

Die Tierkreiszeichen der Astrologen

♋ der Krebs	♉ der Steinbock
♊ die Zwillinge	♐ der Schütze
♉ der Stier	♏ der Skorpion
♈ der Widder	♎ die Waage
♓ die Fische	♍ die Jungfrau
♒ der Wassermann	♌ der Löwe

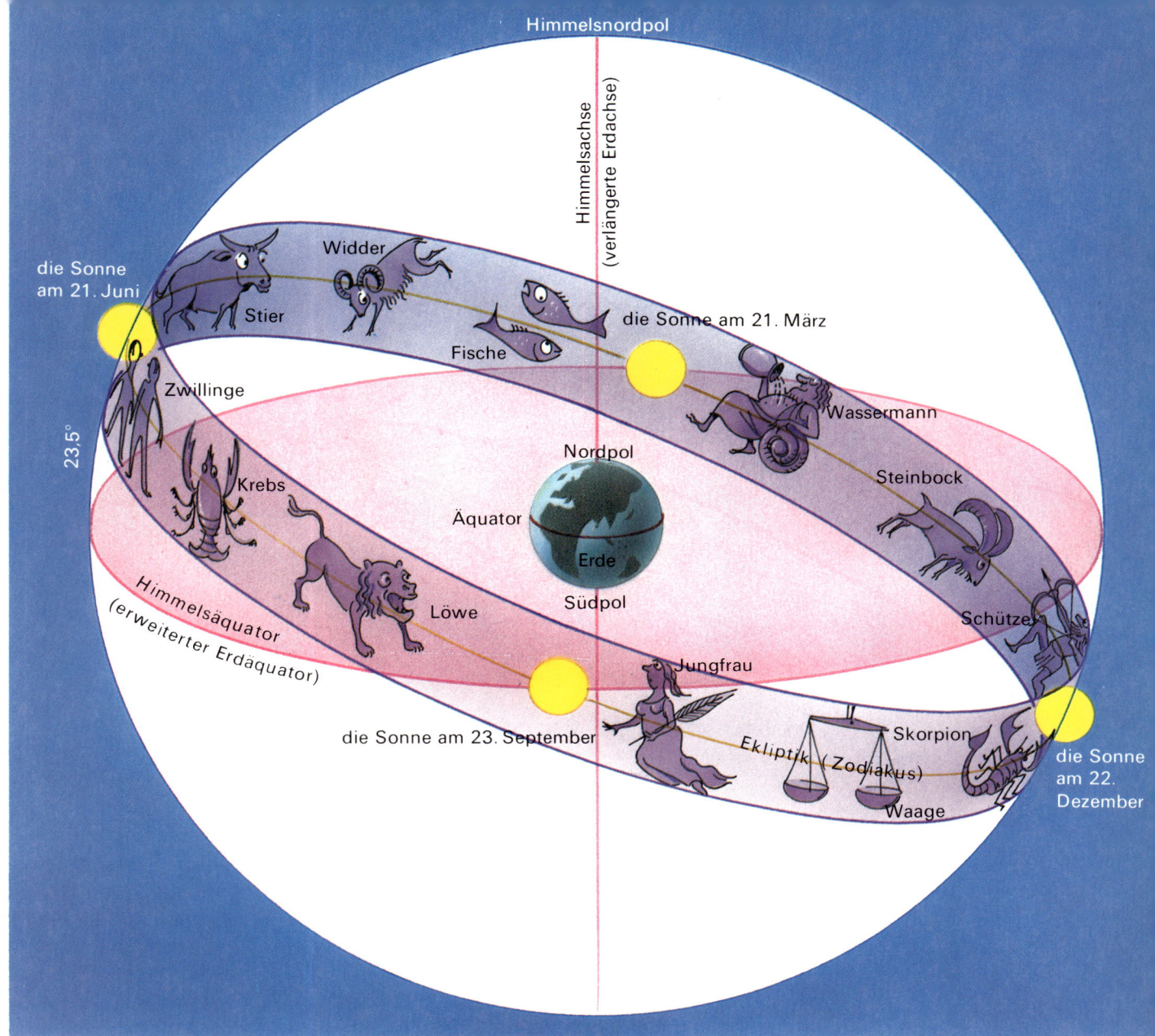

die Tierkreissternbilder erfunden wurden, lief die Sonne zum Frühlingsanfang in das Sternbild des Widders – heute ist das nicht mehr der Fall. Das Tierkreiszeichen des Widders beginnt aber immer noch an der Stelle, an der die Sonne am 21. März, also dem Datum der Tagundnachtgleiche im Frühling, steht. Die astrologischen Stern- oder Tierkreiszeichen sind im Gegensatz zu den Sternbildern des Zodiakus alle gleich lang. Das Zeichen des Widders durchläuft die Sonne vom 21. März bis zum 20. April, das Zeichen des Stiers vom 20. April bis zum 21. Mai und so weiter. Seid ihr zum Beispiel im Zeichen des Widders geboren, so steht die Sonne nach dem System der Tierkreissternbilder tatsächlich ungefähr vor dem Sternbild der Fische.

Laßt euch aber durch dieses Durcheinander nicht verwirren. In der Himmelskunde, das heißt der Astronomie, spielen die Tierkreiszeichen so gut wie keine Rolle. Nur in der Sterndeutung, der Astrologie, die sich auf Aberglauben gründet, haben sie noch eine Bedeutung.

Vorsicht – wir beobachten die gleißend helle Sonne

Eine wichtige Regel sollten wir uns merken: Niemals mit bloßem Auge ungeschützt in die Sonne blicken! Die Sonnenstrahlen sind so stark, daß unsere Augen sehr schnell Schaden davon nehmen würden. Unvorsichtige Sonnenguckerei kann sogar zur Erblindung führen. Es gibt eine ganz einfache Möglichkeit, die Sonne gefahrlos zu betrachten: Dazu halten wir ein Glasscheibchen ein paar Sekunden über eine Kerzenflamme, so daß es von unten schön gleichmäßig schwarz wird. Durch dieses berußte Glasstück können wir vorsichtig in die Sonne sehen. Den gleichen Zweck erfüllt ein Stück von einem Filmnegativ, das durch starke Überbelichtung ganz schwarz geworden ist. Auch wenn man eine Sonnenfinsternis beobachten will, sollten wir diese Hilfsmittel anwenden.

Noch größere Vorsicht ist geboten, wenn uns zur Beobachtung der Sonne ein Fernrohr oder ein starkes Fernglas zur Verfügung steht. Diese Geräte sammeln durch ihre Linsen sehr stark das Sonnenlicht. Zum Schutz unserer empfindlichen Augen sind deshalb manche Fernrohre mit dunklen Dämpfgläsern versehen, die hinten auf die Augenlinse, das sogenannte Okular, aufgeschraubt werden. Die Dämpfgläser sind durch die eingefangenen Sonnenstrahlen großer Hitze ausgesetzt. Sie können leicht zerspringen, wenn

das Fernrohr zu lange gegen die Sonne gehalten wird. Am besten ist es, etwa alle zwei Minuten eine Pause zu machen, damit die Linsen wieder abkühlen. Spannender und bequemer ist ein anderes Verfahren: Wir benutzen das Fernrohr als Projektionsapparat. Dazu halten wir es gegen die Sonne und lassen das Licht auf einen gleichmäßigen weißen Karton oder auf eine andere glatte und weiße Projektionsfläche fallen, die wir hinter dem Okular angebracht haben. Auf dem Projektionsschirm erscheint dann ein schönes, für unsere Augen nicht mehr zu helles Sonnenbild, das um so größer, aber auch lichtschwächer wird, je weiter wir uns mit der weißen Fläche von dem Okular entfernen.

Bei diesem Experiment sollten wir darauf achten, daß wir am Fernrohr immer die richtige Schärfe einstellen. Damit das direkte Sonnenlicht nicht am Fernrohr vorbei auf die Projektionsfläche

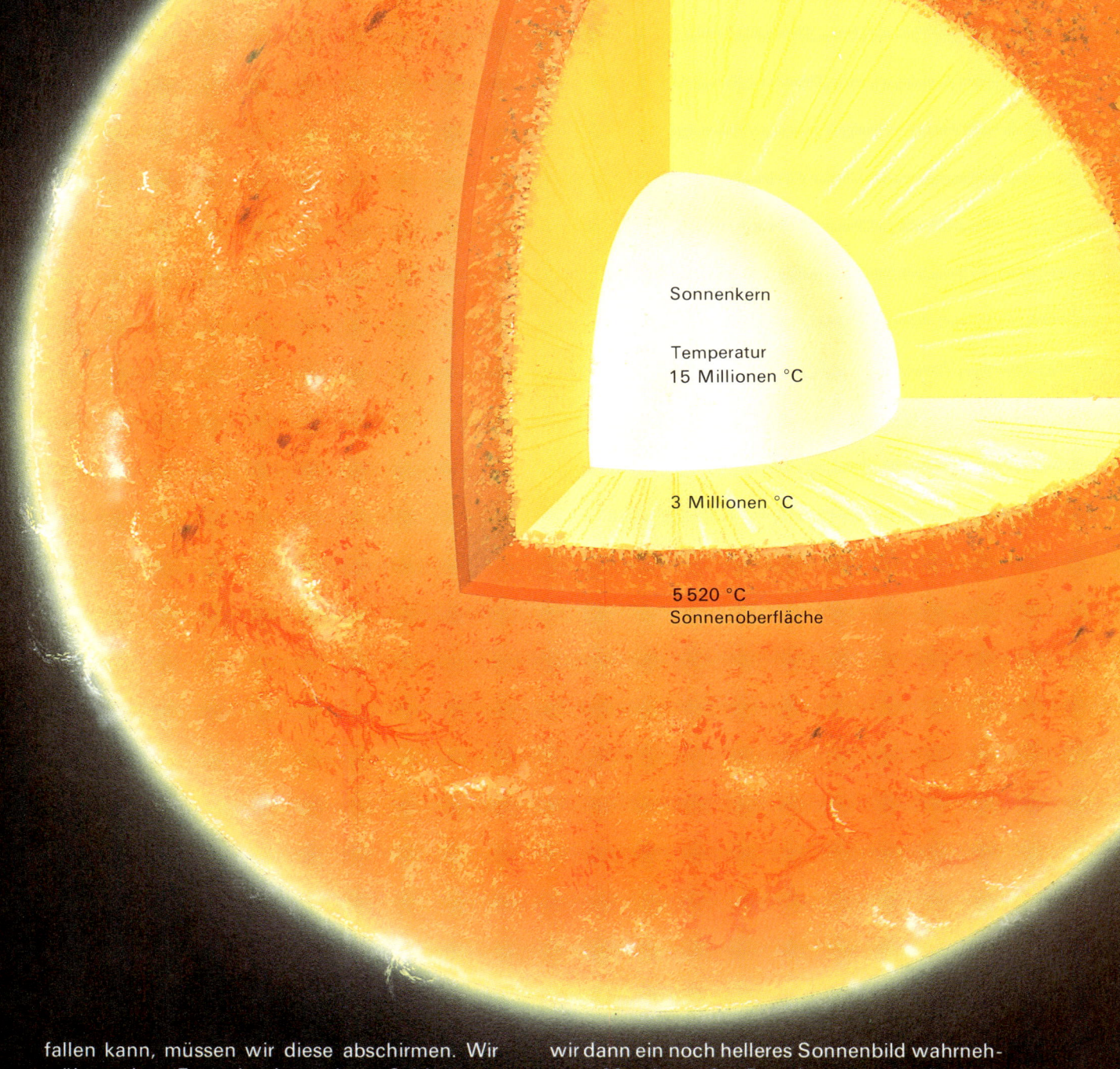

Sonnenkern

Temperatur
15 Millionen °C

3 Millionen °C

5 520 °C
Sonnenoberfläche

fallen kann, müssen wir diese abschirmen. Wir stülpen dem Fernrohr dazu einen Schirm aus Pappe oder Karton über, in dessen Schatten die Projektionfläche vor der direkten Lichtstrahlung geschützt wird. Eine noch größere Wirkung erzielen wir, wenn wir unsere Beobachtungen nicht im Freien ausführen, sondern das Fernrohr an ein Fenster stellen und das Sonnenlicht ins abgedunkelte Zimmer auf die Projektionsfläche fallen lassen. In der dunklen Umgebung können wir dann ein noch helleres Sonnenbild wahrnehmen. Man kann das Experiment auch mit einem guten Fernglas machen. Um ein Doppelbild zu vermeiden, muß ein Glas des Instrumentes abgedeckt werden.

Das Bild der Sonne ändert sich übrigens täglich; wer will, kann über Monate und Jahre hinweg immer wieder Neues auf der Sonne entdecken. Der Sonnenball hat im Vergleich zur Erde riesige Ausmaße. 109 Erdkugeln aneinandergereiht, würden erst die Länge des Sonnendurchmessers ergeben. Er beträgt 1 390 000 Kilometer. Der Innenraum der Sonne böte einer Million Kugeln von der Größe unserer Erde Platz.

Auf der Oberfläche der Sonne herrschen Temperaturen von 5 520 Grad Celsius. Bei so hohen Hitzegraden gibt es keine festen oder flüssigen Stoffe mehr. Das bedeutet, daß die Sonne kein fest begrenzter Körper ist, sondern ein Gasball, dessen Oberfläche unruhig tätig ist. Der wichtigste Bestandteil unserer Sonne ist Wasserstoff, das leichteste Gas und der am einfachsten aufgebaute chemische Stoff, den wir kennen. Etwa drei Viertel der Sonne bestehen aus Wasserstoff. Fast der ganze Rest entfällt auf das Edelgas Helium. Nur etwa ein Fünfzigstel der gesamten Sonnenmaterie entfällt auf alle übrigen Stoffe, die wir von der Erde her kennen. Das sind zum Beispiel Eisen, Sauerstoff, Stickstoff, Kohlenstoff, Silicium oder sogar Gold.

Eine besondere Sonnentätigkeit, die wir mit einem Fernglas bereits entdecken können, sind die Sonnenflecken. Wissenschaftler haben herausgefunden, daß sie durch starke magnetische Felder zustande kommen. Oft bilden sie Gruppen von mehreren Dutzend Flecken. Sonnenflecken sind dunkler als ihre Umgebung. Bei genauerer Betrachtung erkennen wir im Innern der größeren Flecken noch dunklere Kerne, um die weniger dunkle Höfe lagern. Sonnenflecken sind etwas kühlere Stellen auf der Sonne. Ihre Temperatur liegt „nur" bei 3 000 bis 4 000 Grad; ganz im Gegensatz zu den Sonnenfackeln, die etwa 7 000 Grad heiß sind. Sonnenfackeln sind hellere Lichtadern, die manchmal vereinzelt, meistens aber in der Nachbarschaft von Sonnenflecken, besonders in der Nähe des Sonnenrandes zu beobachten sind. Die Sonnenflecken verändern sich dauernd. Neue Flecken und Fleckengruppen entstehen, alte verschwinden. Manche Fleckengruppen sind sehr klein, andere riesengroß. Um die Länge mancher Sonnenfleckengruppen zu erreichen, müßte man sogar zehn oder zwanzig Erdkugeln aneinanderreihen.

Weil die Sonne sich wie die Erde um die eigene Achse dreht, wandern die Sonnenflecken von einem Rand der Sonne zum andern. Aus der Bewegung der Sonnenflecken kann die Zeit für eine Sonnenumdrehung abgelesen werden: sie dauert etwa 25 Tage.

Beobachtungen über längere Zeiträume zeigen, daß die Sonnentätigkeit mal stärker und mal schwächer ist. In regelmäßigen Abständen von rund elf Jahren gibt es eine sehr sonnenfleckenreiche Zeit, in der das sogenannte Sonnenfleckenmaximum erreicht wird. In den Jahren dazwischen sind Zeiträume zu beobachten, in denen die Sonne manchmal nicht die geringsten Flecken zeigt. Diese Erscheinung wird Sonnenfleckenminimum genannt. Das letzte Maximum hatten wir im Jahr 1979.

Wer ein etwas besseres Fernrohr zur Verfügung hat und damit die Sonne an einem Tag beobachtet, an dem die Luft so klar ist, daß er ein gestochen scharfes Bild erhält, der wird über die ganze Sonnenscheibe verteilt Tausende

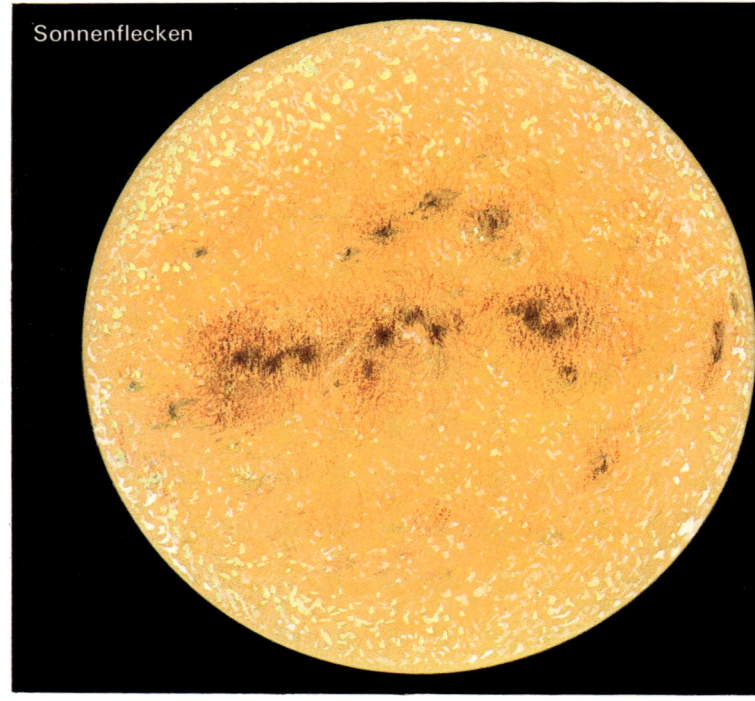

Sonnenflecken

Protuberanzen und Korona der Sonne

Hülle weit über der Oberfläche schwebend die Sonne umgeben. In der Sonnenkorona werden Temperaturen von über einer Million Grad erreicht. Mit modernen Geräten kann man diese Erscheinung beobachten, ohne daß man erst auf eine Sonnenfinsternis warten muß.

Andere gewaltige Erscheinungen, Protuberanzen genannt, kann man heute ebenfalls mit Spezialfernrohren sehen und sogar fotografieren. Die Protuberanzen sind Gasmassen, die von der Sonnenoberfläche weit heraufgeschleudert werden und wieder zurückstürzen. Sie bewegen sich dabei manchmal mit Geschwindigkeiten von mehreren hundert Kilometern pro Sekunde. Gelegentlich können auch mächtige Eruptionen beobachtet werden. Das sind Lichtausbrüche, die oft nur wenige Minuten, bestenfalls Stunden anhalten. Sie zeigen sich meist in der Nachbarschaft großer Sonnenflecken.

Noch Geheimnisvolleres tut sich im Innern der Sonne (unser Bild auf Seite 39 stellt das Innere der Sonne schematisch dar). Ihr werdet wissen wollen, woher man eigentlich Erkenntnisse über das Innere des glühenden Gasballs hat. Die Wissenschaftler gehen dabei von den Gasgesetzen aus, die in den Laboratorien auf unserer Erde gefunden wurden. Für den Mittelpunkt der Sonne hat man Temperaturen von 15 Millionen Grad Celsius errechnet und einen Druck, der rund 200 Milliarden mal stärker als der Luftdruck an der Erdoberfläche ist. Unter diesen Bedingungen verwandelt sich Wasserstoff, aus dem die Sonne zum größten Teil besteht, in das Edelgas Helium. Bei diesem Umwandlungsprozeß werden Energie und Strahlung freigesetzt. Hier liegt das Geheimnis der Sonne, wie sie seit Milliarden Jahren immer wieder Licht und Wärme erzeugt – ohne die ein Leben auf unserer Erde nicht möglich wäre.

von Körnern wahrnehmen. Die Wissenschaftler nennen diese Erscheinung Granulation der Sonne. Sie kommt zustande durch ständiges Brodeln der Materie an der Sonnenoberfläche und durch heißere Gasmassen, die in die Höhe steigen, abkühlen und wieder herunterfallen. Es geht hier also wie in einem richtigen Kochtopf zu. Allerdings hat jedes einzelne „Korn" einen Durchmesser von mehreren hundert Kilometern.

Bei den seltenen totalen Sonnenfinsternissen konnte eine noch eindrucksvollere Beobachtung gemacht werden: Um die völlig verfinsterte Sonne herum wird ein gewaltiger Strahlenkranz, die sogenannte Sonnenkorona sichtbar. Sie besteht nur aus sehr dünnen Gasen, die wie eine

Guter Mond, du gehst so stille

Neben der Sonne ist der Mond der auffälligste und der schönste Himmelskörper, den wir mit bloßem Auge sehen können. Er ist der einzige natürliche Begleiter — man sagt auch Satellit oder Trabant — der Erde, und er ist uns von allen Gestirnen am nächsten. Seine mittlere Entfernung zur Erde beträgt 384 000 Kilometer; es müßten etwa 30 Erdkugeln hintereinandergereiht werden, wenn man mit ihnen eine Brücke zum Mond schlagen wollte.

Woran liegt es nun, daß wir den Mond mal gar nicht, mal als Sichel oder halbe Scheibe und mal in seiner vollen Pracht am Abend- oder Nachthimmel sehen können? Um das zu erklären, müßt ihr zunächst wissen, daß der Mond kein eigenes Licht aussendet wie die Sonne (siehe Seite 41). Vielmehr ist es das Licht der Sonne, das der Mond wieder zurückstrahlt.

Unser Bild zeigt euch, wann wir unseren Erdbegleiter gar nicht zu Gesicht bekommen: dann, wenn er genau zwischen Sonne und Erde steht und seine uns zugewandte Seite ganz im Dunkeln liegt. Wir nennen diese Mondphase Neumond — obwohl die Bezeichnung nicht ganz richtig ist. Ursprünglich war mit Neumond das erste Auftauchen der schmalen, zunehmenden Mondsichel während der Abenddämmerung im Westen gemeint. Etwa 1 bis 2 Tage vor und nach Neumond ist unser Trabant unsichtbar. Die schmale Sichel des zunehmenden Mondes wird also erst *nach* Neumond sichtbar. Die Mondsichel bleibt nur kurze Zeit am frühabendlichen Himmel, weil der Mond in dieser Phase immer noch nahe der Linie zwischen Erde und Sonne steht. In den folgenden Tagen ist unser Trabant auf seiner Bahn vorangeschritten. Wir können beobachten, wie die Mondsichel breiter wird und immer später untergeht — jeden Tag um etwa 50 Minuten. Ungefähr sieben Tage nach Neumond haben wir zunehmenden Halbmond oder das Erste Viertel des Mondumlaufes.

Wir sehen während der zunehmenden Halbmondphase unseren Erdbegleiter zur Zeit des Sonnenuntergangs ungefähr am südlichen Himmel stehen. Gegen Mitternacht geht er unter. Im Laufe der folgenden Tage wächst die Mondscheibe langsam an und gewinnt allmählich ihre runde Form. Vierzehn oder fünfzehn Tage nach Neumond steht der Erdtrabant so am Himmel, daß seine uns zugewandte Seite voll von der Sonne angeleuchtet wird. Auf unserem Bild ist zu sehen, wie der Vollmond jetzt zur Erde und zur Sonne steht. Er geht während dieser Zeit etwa bei Sonnenuntergang am Osthimmel auf, steht gegen Mitternacht im Süden und geht erst wieder in den Morgenstunden, wenn die Sonne über den Horizont heraufzieht, im Westen unter. Danach nimmt der Mond allmählich wieder ab. Das heißt, nur noch ein Teil der Seite, die er uns zuwendet, erhält Sonnenlicht. Weiter schreitet er auf seiner Bahn voran. Es dauert nach Sonnenuntergang jetzt sehr lange, bis der Mond wieder in unser Blickfeld rückt. In der Folgezeit verschiebt sich sein Aufgang Tag für Tag um etwa 50 Minuten weiter, bis er nur noch spät abends zu sehen ist.

Etwa 22 Tage nach Neumond ist abnehmender Halbmond oder das letzte Viertel des Mondumlaufs erreicht. Jetzt geht unser Trabant erst etwa um Mitternacht auf und kann bei Sonnenaufgang im Süden beobachtet werden. Sein Auftauchen am Nachthimmel erfolgt immer später, bis wir ihn wenige Tage vor Neumond nur noch als schmale, abnehmende Sichel in der Morgendämmerung im Osten letztmals sehen. $29^1/_2$ Tage vergehen, bis der Mond alle seine Gestalten von Neumond über zunehmenden Mond, Vollmond, abnehmenden Mond wieder zurück zum Neumond durchläuft.

Wenn ihr einmal die schmale Mondsichel genau betrachtet, bemerkt ihr, daß auch die Nachtseite des Mondes schwach rotbräunlich schimmert. Es ist Sonnenlicht, das von der Erde auf den Mond geworfen wird und die Nachtseite des Mondes bescheint. Vom Mond aus gesehen, ist das Erdlicht gar nicht so schwach. Die „Vollerde" scheint von dort aus hundertmal heller als der Vollmond auf die Erde.

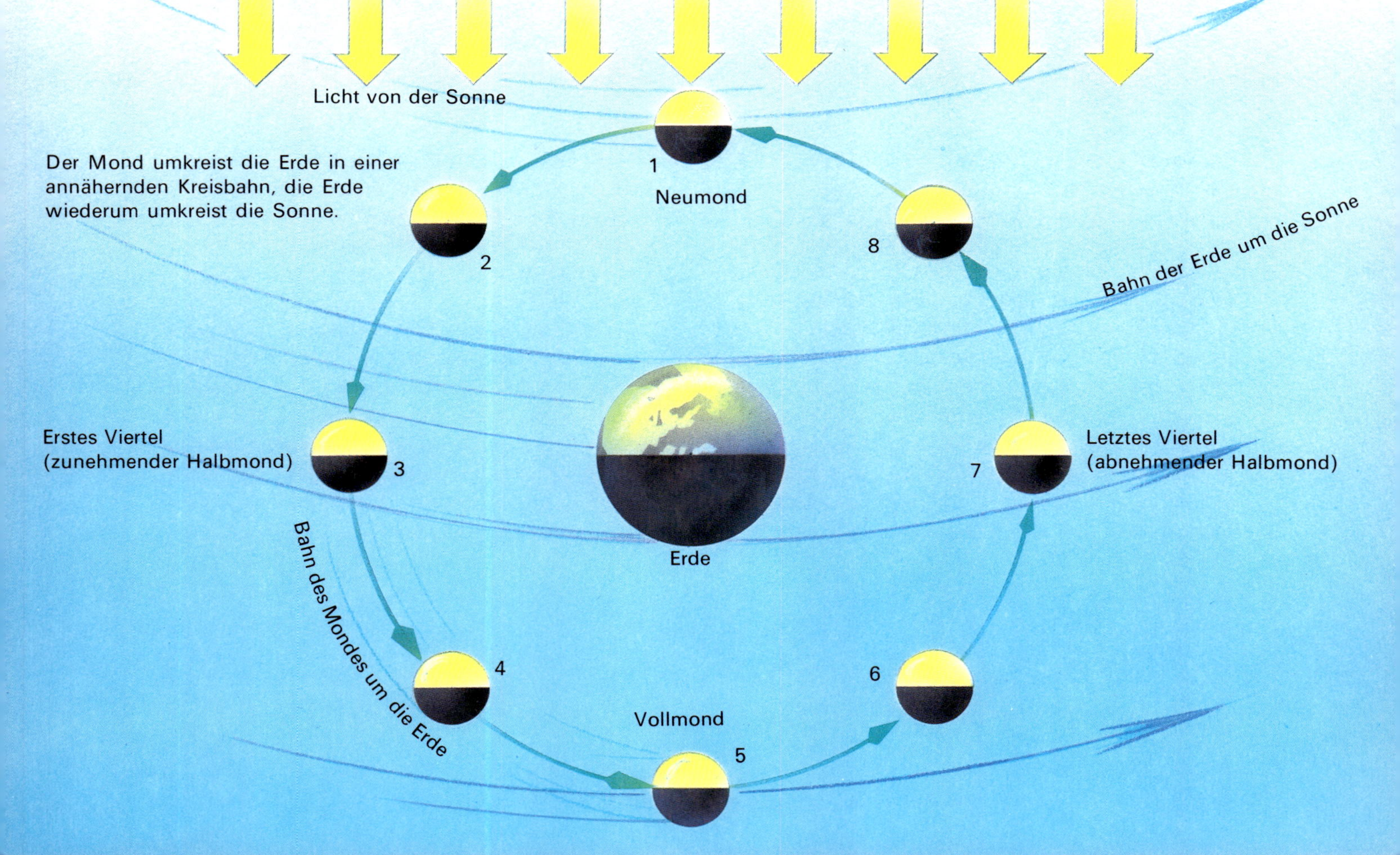

Licht von der Sonne

Der Mond umkreist die Erde in einer annähernden Kreisbahn, die Erde wiederum umkreist die Sonne.

1 Neumond

8

Bahn der Erde um die Sonne

Erstes Viertel (zunehmender Halbmond) 3

Bahn des Mondes um die Erde

Erde

Letztes Viertel (abnehmender Halbmond) 7

4

6

Vollmond 5

Neumond		Erstes Viertel		Vollmond		Letztes Viertel		Neumond
1	2	3	4	5	6	7	8	1

Die Mondphasen, von der Erde aus gesehen

43

Schattenspiele im All

Sonnenfinsternisse und Mondfinsternisse gehören zu den aufregendsten Naturschauspielen, die wir beobachten können. Kein Wunder, daß viele Völker glaubten, gefräßige Ungeheuer und Drachen würden Sonne und Mond verschlingen. Die Menschen sorgten für gehörigen Lärm, um die Unwesen von den Gestirnen zu vertreiben, und hatten damit natürlich immer Erfolg.

Eigentlich sollte man bei jedem Neumond eine Sonnenfinsternis und bei jedem Vollmond eine Mondfinsternis erwarten. Der Neumond steht ja zwischen Erde und Sonne. Ebenso sollte man erwarten, daß der Vollmond stets in den Schatten unserer Erde eintritt und dadurch verfinstert wird. Der Mond bewegt sich aber meist nicht genau zwischen Erde und Sonne hindurch, sondern wandert, von der Erde aus gesehen, etwas oberhalb oder unterhalb der Sonnenscheibe vorbei. Ebenso verfehlt der Vollmond auch fast immer den Erdschatten. Die Mondbahn ist nämlich ein wenig gegen die Erdbahn geneigt.

Wenn die Sonne vom Mond völlig verdeckt ist, stehen wir im vollen Schatten des Mondes und erleben eine totale Sonnenfinsternis – es wird dunkel auf der Erde. Dann können wir sogar mit bloßem Auge die Korona der Sonne und die Protuberanzen sehen. Solche Ereignisse sind aber sehr selten. Für Mitteleuropa ist die nächste totale Sonnenfinsternis erst am 11. August 1999 zu erwarten; die letzte ereignete sich am 19. August 1887. Häufiger geschieht es, daß wir im Halbschatten des Mondes stehen und nur ein Teil des Sonnenlichts vom Mond abgehalten wird. Dann erleben wir teilweise oder partielle Sonnenfinsternisse.

Sehr selten treten auch ringförmige Sonnenfinsternisse auf. Das geschieht, wenn sich der Mond auf seiner elliptischen Bahn so weit von der Erde entfernt, daß er etwas kleiner am Himmel erscheint als die Sonne. Er kann die Sonnenscheibe nicht mehr vollständig abdecken. Dann bleibt um den Mond ein unverfinsterter Ring der Sonnenscheibe sichtbar. Die nächste ringförmige Finsternis tritt für Mitteleuropa erst am 23. Juli 2093 ein.

Auch bei den Mondfinsternissen gibt es verschiedene Formen. Wandert der Mond vollständig in den Kernschatten der Erde, so nennen wir dies eine totale Mondfinsternis. Wird der Mond nur teilweise vom Kernschatten erfaßt, so haben wir eine partielle Mondfinsternis. Aber selbst bei einer totalen Mondfinsternis verschwindet der Mond in der Regel nicht vollstän-

SONNE

Umlaufbahn des Mondes

Neumond

Halbschatten des Mondes

Kernschatten des Mondes

Halbschatten des Mondes

dig vom Himmel. Er erscheint immer noch in einem schwachen rötlichen Schimmer. Der Schimmer entsteht durch Sonnenlicht, das von der Lufthülle der Erde in ihren Schatten hinein abgelenkt wird. Auf dem langen, die Erde seitlich streifenden Weg, den die Sonnenstrahlen durch die Lufthülle nehmen, gelangt das rötliche Licht am besten hindurch. Die anderen Farben, die auch im Sonnenlicht enthalten sind, werden dagegen in der Lufthülle der Erde zerstreut.

Jedes Jahr treten ein oder zwei Mondfinsternisse auf. Etwa jede zweite können wir bei uns beobachten. Auch Sonnenfinsternisse finden zwei- bis dreimal jährlich statt. Aber nur selten können wir dieses Ereignis von unseren Gegenden aus verfolgen.

Unsere Zeichnung macht deutlich, warum: Der Mondschatten fällt so spitz auf die Erde, daß er nur einen kleinen Teil der Oberfläche verfinstern kann.

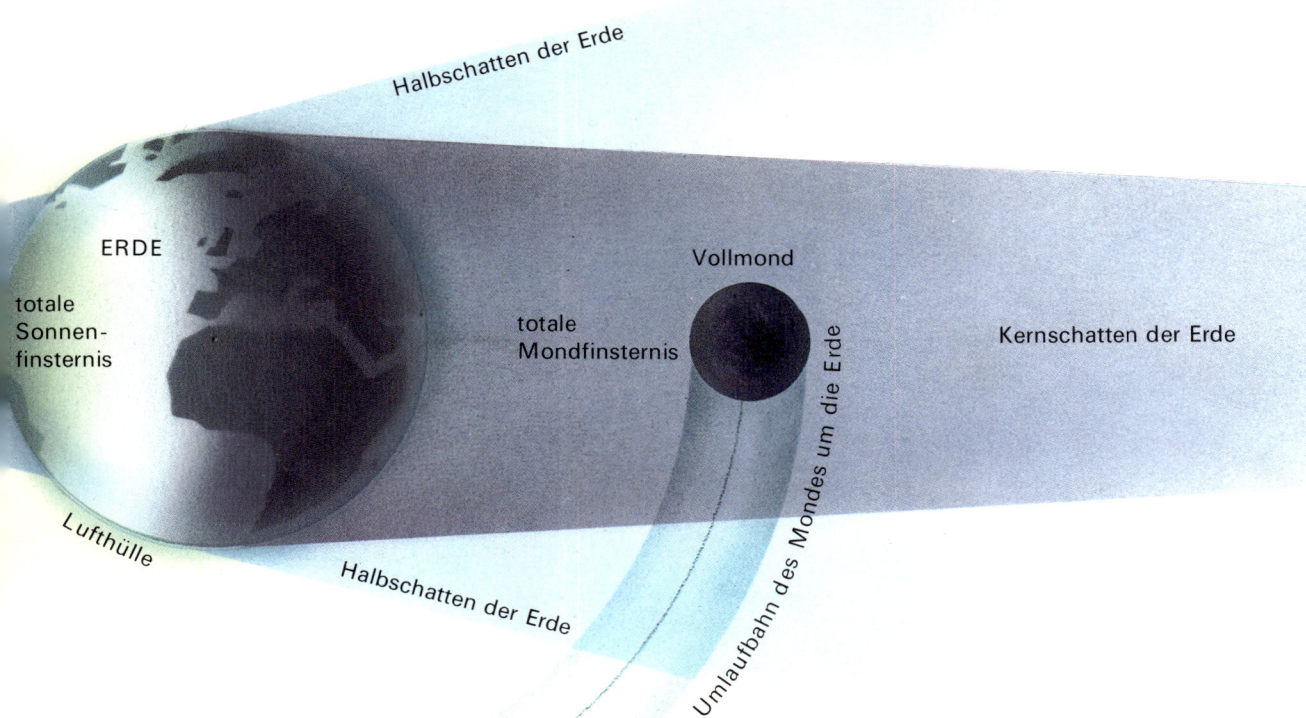

Halbschatten der Erde

ERDE

totale Sonnenfinsternis

Vollmond

totale Mondfinsternis

Kernschatten der Erde

Umlaufbahn des Mondes um die Erde

Lufthülle

Halbschatten der Erde

Wir schauen mit dem Fernrohr zum Mond

Der Mond ist der einzige Himmelskörper, auf dem wir schon mit einem kleinen Fernrohr oder mit einem guten Fernglas Landschaften mit Bergen, Tälern, Kratern und Ebenen erkennen können. Wichtig ist es, für eine solche Beobachtung den richtigen Zeitpunkt zu wählen. Die Zeit des Vollmondes ist ungünstig, weil der Trabant zu dieser Zeit in volles Licht getaucht ist und wir keine Schatten und Kontraste wahrnehmen können. Am besten geeignet ist die Zeit zwischen dem dritten oder vierten Tag nach Neumond und dem dritten Tag vor Vollmond. In diesen Phasen können wir in den Abendstunden von der Erde aus eindrucksvolle Mondlandschaften beobachten, über denen gerade die Sonne aufgegangen ist. Oft zeigen sich lange Schlagschatten. Das Innere einiger Krater liegt noch voll im Dunkeln, während die Kraterwälle bereits erhellt sind. Gelegentlich zeigt sich in der Mitte eines dunklen Kraterinnern ein heller sternartiger Punkt: Das ist die Spitze eines Berges im Innern des Kraters.

Der Mond ist wesentlich kleiner als sein Planet, die Erde. Nur 3 470 Kilometer beträgt der Monddurchmesser. Erst vier Mondkugeln nebeneinandergelegt, würden den Erddurchmesser ergeben. Dennoch erscheinen uns die Gebirgs- und Kraterlandschaften des Erdtrabanten gewaltig. Manche Kraterwälle ragen mehrere tausend Meter über den Kraterboden herauf.

Der Durchmesser der auffälligsten Krater beträgt oft über 100 Kilometer. Krater mit Durchmessern von 300 Kilometern und mehr werden Wallebenen oder Ringgebirge genannt. Es gibt Berge bis zu einer Höhe von 10 000 Meter. Die Höhenangaben beziehen sich allerdings nicht auf ein gleichmäßiges Höhenmaß wie den Meeresspiegel auf der Erde, sondern auf die unmittelbare Umgebung eines Berges. Neben den Kratern und Ringgebirgen gibt es auch große dunkle Flächen auf dem Mond. Sie sind schon mit bloßem Auge erkennbar. Früher stellten sich die Menschen darin den ‚Mann im Mond‘ vor oder einen Hasen, der aus einem Gebüsch herausspringt. Mit lateinischem Namen werden diese dunklen Ebenen ‚Mare‘ und im Deutschen ‚Meer‘ genannt, obwohl es auf der Mondoberfläche kein Wasser gibt. Da gibt es freundliche Namen wie ‚Meer der Ruhe‘ (Mare Tranquillitatis) oder ‚Wolkenmeer‘ (Mare Nubium), lustige Namen wie ‚Meer der Heiterkeit‘ (Mare Serenitatis) und ‚Honigmeer‘ (Mare Nectaris), aber auch düstere Namen wie ‚Meer der Gefahren‘ (Mare Crisium). Am Rande des ‚Regenmeeres‘ (Mare Imbrium) liegen riesige, langgestreckte Gebirgszüge. Sie sind nach irdischen Gebirgen benannt, wie Apenninen, Kaukasus und Alpen. Die Krater tragen Namen berühmter Astronomen und Naturforscher. Einer der auffälligsten ist der im Durchmesser 90 Kilometer große Krater Kopernikus. Er befindet sich etwa in der Mitte der Mondscheibe. In der Größe wird er von vielen anderen Kratern übertroffen, aber das Besondere ist seine starke Helligkeit. Rings um ihn herum sehen wir mit dem Fernrohr – diesmal am besten bei Vollmond – lange helle Strahlen. Noch eindrucksvoller sind die Strahlen um den Krater Tycho. Er befindet sich auf der Südhalbkugel des Mondes.

NORDEN

Plato
Mare Frigoris
Alpen
Aristoteles
Mare Imbrium
Kaukasus
Posidonius
Archimedes
Mare Serenitatis
Apenninen
Mare Crisium
Oceanus Procellarum
Eratosthenes
Mare Tranquillitatis
Kepler
Kopernikus
Fauth
Mare Foecunditatis
Grimaldi
Langrenus
Ptolemäus
Gassendi
Albategnius
Alphonsus
Mare Nectaris
Mare Humorum
Mare Nubium
Tycho
Clavius

*Diese Seite des Mondes kann man
von der Erde aus sehen.*

Die ersten Menschen auf dem Mond

Bei dem amerikanischen Raumfahrtunternehmen „Apollo 11" wurden am 16. Juli 1969 die drei ersten Menschen auf die Reise zum Mond geschickt. Mit einer 111 Meter hohen „Saturn 5"-Rakete wurden sie ins Weltall geschossen. Der untere Teil der Rakete hatte einen Durchmesser von zehn Metern, in der Spitze waren die Astronautenkapsel und dahinter die Mondlandefähre untergebracht. Am 20. Juli hatte die Kapsel mit der Fähre ihre vorausberechnete Umlaufbahn um den Mond erreicht. Zwei der Astronauten wechselten in die Landefähre und koppelten sich zur Mondlandung ab. Der Astronaut Michael Collins blieb allein im Mutterschiff zurück, das weiterhin auf der Umlaufbahn um den Mond kreiste. Um 21.48 Uhr Mitteleuropäischer Zeit erreichte die Landefähre „Eagle", zu deutsch „Adler", den Mond. Wenige Stunden später betrat am 21. Juli 1969 um 1.56 Uhr Neil Armstrong als erster Mensch den Mondboden. Der zweite Astronaut, Edwin Aldrin, folgte 20 Minuten später. Die ersten Menschen auf dem Mond hinterließen Fußspuren im Mondstaub, die Millionen von Jahren sichtbar bleiben werden. Denn es gibt auf dem Erdtrabanten keinen Wind und kein Wasser, die diese Spuren verwischen könnten.

Die Apollo-Kapsel mit der Mondlandefähre vor der Landung auf dem Mond.

Im gleichen Jahr noch, am 19. November, fand die nächste erfolgreiche Mondlandung und Rückkehr zur Erde mit „Apollo 12" statt. Bei „Apollo 13" gab es eine Panne, ein Sauerstofftank explodierte. Dadurch wurde vor allem die Versorgung des Raumfahrzeugs mit elektrischem Strom gefährdet, so daß die Mannschaft nur den Mond umkreisen konnte und wieder zur Erde zurückkehren mußte. Weitere gelungene Mondlandeunternehmungen folgten in den nächsten Jahren: „Apollo 14" am 5. Februar 1971, „Apollo 15" am 30. Juli 1971, „Apollo 16" am 20. April 1972 und „Apollo 17" am 11. Dezember 1972. Bei den letzten drei Flügen wurde ein Mondauto mitgeführt. Es erlaubte den Raumfahrern, auf der Mondoberfläche größere Strecken mit einer Geschwindigkeit von etwa 14 Kilometern pro Stunde zurückzulegen.

Zahlreiche Aufnahmen von der Mondlandschaft wurden gemacht, so daß wir heute ein ziemlich genaues Bild von der Mondoberfläche haben. Es wurden auch Meßinstrumente aufgestellt, darunter Seismometer, die Mondbeben aufzeichnen. Im „Reisegepäck" brachten die wiederkehrenden Mondfahrer Mondsteine zur Erde, die hier eingehend untersucht wurden. Die Steine wogen übrigens auf dem Mond nur ein Sechstel ihres Gewichtes, das sie auf der Erde haben. Das liegt an der unterschiedlichen Schwerkraft, die auf der Erde und auf dem Mond herrscht.

Die riesige Saturn 5-Rakete nach dem Start

Der Astronaut Edwin Aldrin stellt eine Folie auf. Sie soll den „Sonnenwind", elektrisch geladene Teilchen, die von der Sonne ausgeschleudert werden, messen. Im Vordergund die Fußstapfen der ersten Menschen auf dem Mond.

Landkarten vom Mond

Jeder von uns kann schon mit einem guten Fernglas größere Einzelheiten auf dem Mond erkennen. Darüber wurde ausführlich auf Seite 46 geschrieben. Seit langem gibt es Karten von der Vorderseite des Mondes, die allerdings in der zweiten Hälfte dieses Jahrhunderts mit der Hilfe von Mondsonden verbessert und ergänzt wurden. Die Rückseite des Mondes können wir von der Erde aus nicht betrachten. Denn der Mond bewegt sich so um die Erde, daß er —

von kleinen Schwankungen abgesehen — der Erde immer dieselbe Seite zukehrt. Das liegt daran, daß sich der Mond in derselben Zeit einmal um seine Achse dreht, in der er einmal um die Erde läuft. Von der sowjetischen Raumsonde Lunik 3 wurden 1959 die ersten Aufnahmen von der Rückseite des Mondes zur Erde übertragen. Eine gründliche Erkundung der gesamten Mondoberfläche gelang mit den amerikanischen Sonden Lunar Orbiter. Sie wurden 1966 und 1967 gestartet und umrundeten als künstliche Satelliten viele Monate lang unseren Mond. Zusammen mit den späteren Aufnahmen,

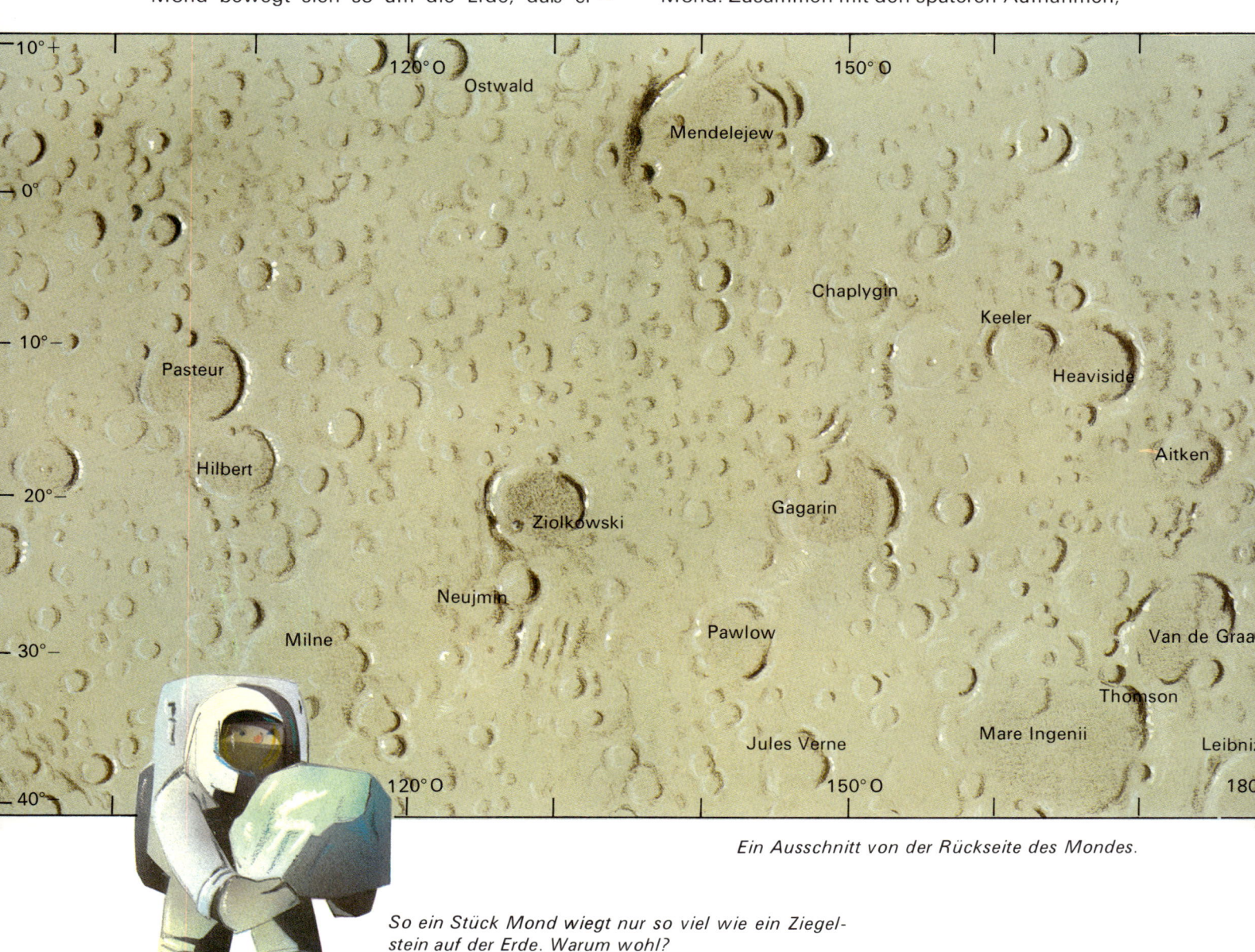

Ein Ausschnitt von der Rückseite des Mondes.

So ein Stück Mond wiegt nur so viel wie ein Ziegelstein auf der Erde. Warum wohl?

50

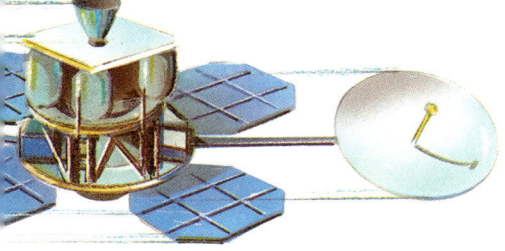

Der Mondsatellit „Lunar Orbiter"

die von den Besatzungen der Apollo-Raumschiffe (siehe Seite 48) gemacht wurden, hatte man dann genaues Material, um maßstabgerechte Karten vom Mond anlegen zu können. Es klingt erstaunlich, ist aber wahr: Wir haben heute vom Mond bessere und vollständigere Karten als noch vor einigen Jahren von der Erde. Erst künstliche Satelliten brachten auch hier einen Wandel.

Wir wissen heute, daß es auf der Rückseite des Mondes sehr viel mehr Krater und Hochländer gibt als auf seiner Vorderseite. Wie ihr auf Seite 46 und 47 nachlesen könnt, hat der Mond auf seiner erdzugewandten Seite viele „Meere", die alle einen eigenen Namen besitzen. Auf der Rückseite gibt es ganz kleine Meere. Auch die Landschaften auf der Mondrückseite wurden inzwischen mit international vereinbarten Bezeichnungen belegt. Zahlreiche Namen von Astronomen und anderen Naturforschern, die alle in unserem Jahrhundert leben oder gelebt haben, befinden sich darunter. Wenn ihr Lust habt, könnt ihr die Namen in einem Lexikon nachschlagen und erfahren, was diese Forscher geleistet haben.

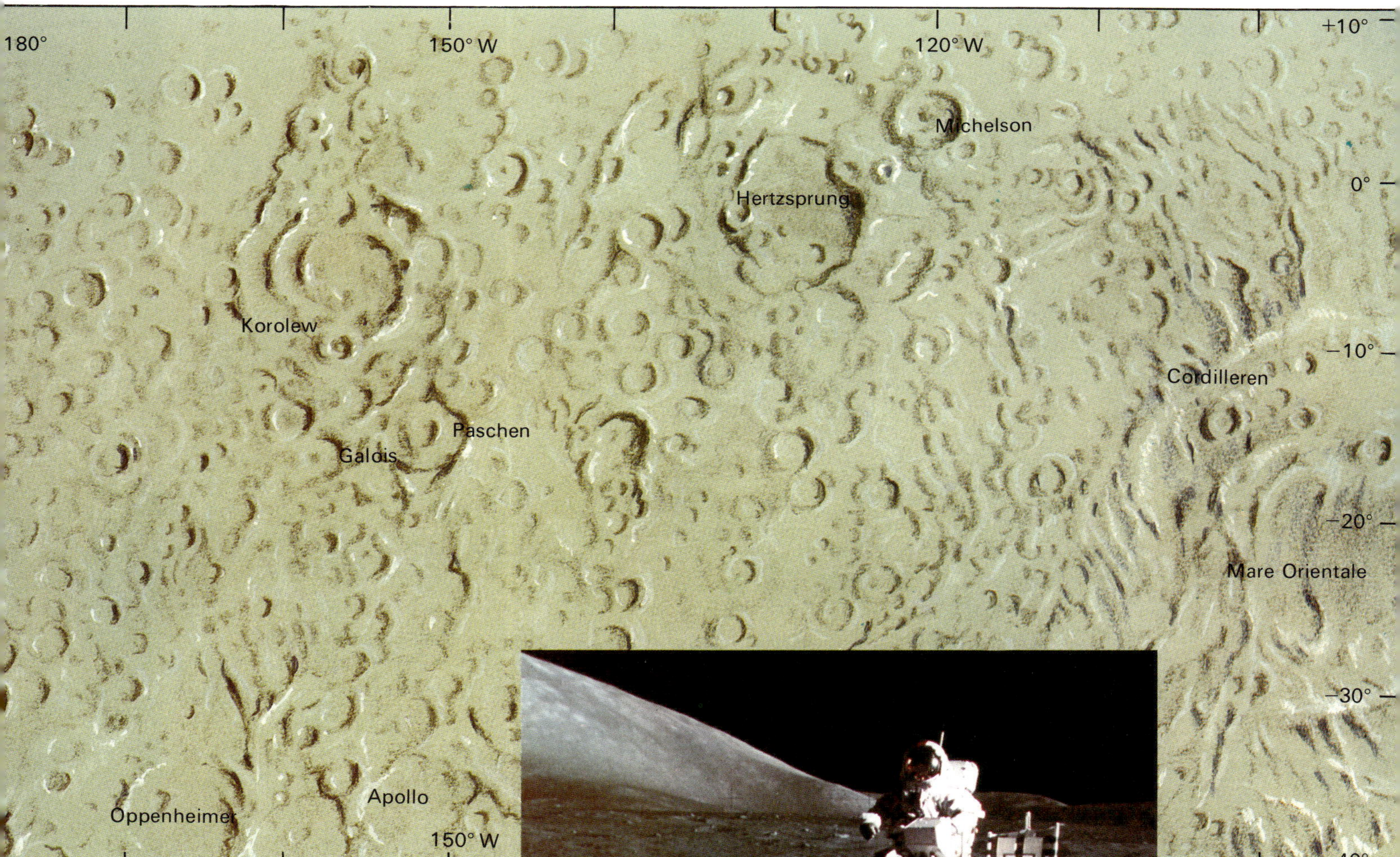

180°   150° W   120° W   +10°

0°

Michelson

Hertzsprung

Korolew

−10°

Cordilleren

Paschen

Galois

−20°

Mare Orientale

−30°

Oppenheimer   Apollo

150° W

−40°

Das Mondfahrzeug

Wanderer am Himmel

Auch wenn wir über viele Jahrhunderte oder Jahrtausende hinweg auf der Erde leben und dauernd die Sterne beobachten könnten, würden wir die Sternbilder immer wieder in ihrer gleichen Gestalt erkennen. Erst nach vielleicht 50 000 oder sogar 100 000 Jahren würden die ersten Veränderungen mit bloßem Auge und nicht nur mit feinsten Meßinstrumenten beobachtet werden können. Die Griechen und Römer sahen lange vor Christi Geburt den Großen Wagen oder den Orion genauso wie wir Menschen des 20. Jahrhunderts.

Und doch gibt es einige Gestirne, die sich sehr viel rascher bewegen. Die Sonne zählen wir hier nicht, weil wir wissen, daß sie sich ja nur scheinbar bewegt (siehe Seite 28 bis 33). Die Umlaufbahn des Mondes, auf der er sich innerhalb eines knappen Monats vor den Tierkreissternbildern vorbeischiebt, haben wir schon ausführlich auf Seite 42 beschrieben. Es gibt aber noch einige andere Himmelskörper, die an den Sternbildern tatsächlich vorbeiwandern. Es sind Merkur, Venus, Mars, Jupiter und Saturn. Diese fünf Himmelskörper waren schon den alten Völkern bekannt. Heute kennen wir noch drei weitere derartige Wanderer am Himmel: Uranus, Neptun und Pluto. Hinzuzuzählen sind noch Tausende von sehr kleinen Himmelskörpern, über die wir später noch berichten werden.

Die sieben im Altertum bekannten Himmelswanderer — einschließlich Sonne und Mond — nannte man Planeten oder Wandelsterne. Ihre Wanderungen sind allerdings recht unterschiedlich. Sonne und Mond wandern zwar nicht ganz gleichförmig durch den Tierkreis, aber sie behalten immer die gleiche Richtung bei. Die anderen „echten" Planeten bieten etwas Neues: Sie ändern ihre Bewegungsrichtungen. Meistens ziehen sie wie Sonne und Mond von rechts nach links, von Westen nach Osten durch die Tierkreissternbilder hindurch. Manchmal aber verlangsamen sie ihre Bewegung, bleiben scheinbar stehen und kehren in die entgegengesetzte Richtung um. Wieder einige Zeit später halten sie erneut an und kehren in die ursprüngliche Bahnrichtung zurück. Die Richtung, in der sich die Planeten meistens bewegen, nennen die Astronomen rechtläufige Bewegung. Kehren die Planeten um, so spricht man von einer rück-

Bahn des Planeten Mars

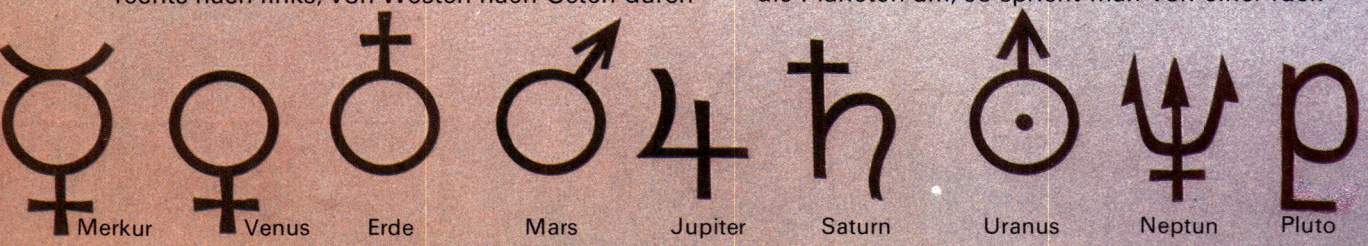

Merkur   Venus   Erde   Mars   Jupiter   Saturn   Uranus   Neptun   Pluto

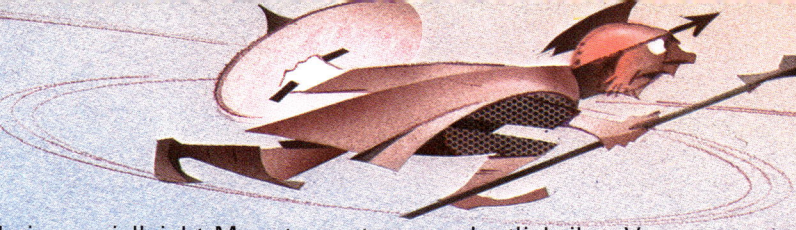

läufigen Bewegung. Gelegentlich kommen dabei regelrechte Zickzackbewegungen, S- oder Z-Kurven und sogar Schleifenbewegungen vor.

Die Wanderschaft der Planeten können wir häufig schon innerhalb weniger Tage oder Wochen beobachten. Am besten eignet sich dazu der Planet Mars. Merkur und Venus stehen der Sonne zu nahe und können deswegen häufig nur in der Dämmerung wahrgenommen werden. Zu dieser Zeit zeigen sich die Sterne aber noch nicht deutlich genug. Jupiter und Saturn wiederum laufen bedeutend langsamer. Wir müßten vielleicht Monate warten, um deutlich ihre Verschiebung zu erkennen. Mars aber wandert bereits in weniger als zwei Jahren durch alle Tierkreissternbilder hindurch. Außerdem kann er viel deutlicher gegen den dunklen Sternenhimmel betrachtet werden als Merkur oder Venus, die wie die Sonne etwa ein Jahr zur Durchwanderung des Tierkreises benötigen.

Die Bewegungen der Planeten bereiteten den Astronomen früher großes Kopfzerbrechen. Sie klügelten verwickelte Systeme aus, um das seltsame Verhalten dieser Gestirne zu erklären.

Sternbild WASSERMANN

Mars

Links: Symbole, die frühere Himmelsforscher zur Bezeichnung der Planeten einführten.

Solche Schleifenbahnen ziehen die Planeten häufig durch die Tierkreiszeichen.

Große Astronomen erklären die Bewegung der Planeten

In unserem ersten Kapitel wurde berichtet, daß die Menschen früher glaubten, die Erde sei der Mittelpunkt des Weltalls. Mit dieser Annahme ließen sich aber manche Dinge, wie etwa die Schleifenbewegungen der Planeten (siehe Seite 53) nicht erklären. 1473 wurde in Thorn, im heutigen Polen, Nikolaus Kopernikus geboren. Er vertrat als Himmelsforscher eine neue und für die damalige Zeit recht kühne Idee, die als Grundstein für die heutigen Erkenntnisse über das Weltall gilt: Daß sich nämlich die Erde mitsamt den Planeten um die Sonne bewegt! Kopernikus hatte sich von den Gedanken des griechischen Philosophen Aristarch von Samas überzeugen lassen, der fast 300 Jahre vor Christus bereits die Vorstellung entwickelte, daß die Sonne und nicht die Erde der zentrale Punkt unseres Weltsystems ist. Kopernikus veröffentlichte dies kurz vor seinem Tode 1543 in seinem Buch „Über die Umdrehung der himmlischen Kreise".

Mit dem kopernikanischen Weltbild kam man dem bislang rätselhaften Geheimnis der Schleifenbewegungen der Planeten etwas mehr auf die Spur. Man erkannte jetzt: sowohl die Planeten als auch die Erde bewegen sich. Die Planeten, die sich außerhalb der Erdbahn um die Sonne bewegen, laufen viel langsamer als die Erde. So kommt es gelegentlich dazu, daß die Erde einen Planeten überrundet. Überholen wir mit einem schnellen Auto einen Lastwagen, unterliegen wir einer optischen Täuschung, wenn es dabei so scheint, als weiche der Laster zurück. Ähnlich getäuscht wird der Beobachter eines von der Erde überrundeten Planeten. Es scheint, als laufe der Planet in einer Schleife rückwärts und erst, wenn die Erde den Planeten schon weit hinter sich zurückgelassen hat, geht dieser scheinbar in seine alte Bewegungsrichtung zurück. Unser Bild auf Seite 55 oben rechts verdeutlicht, wie diese Erscheinung zustande kommt. Ihr müßt jeweils ausgehen von einem monatlichen Punkt der Erdbahn und diesen mit dem entsprechenden Punkt der Planetenbahn verbinden. Wenn ihr diese Linie darüber hinaus verlängert, erhaltet ihr die scheinbare Planetenbahn, wie sie ein Beobachter aufzeichnen würde. Nach einem ähnlichen Modell verhält es sich mit den Bewegungen der Planeten Venus und Merkur, die innerhalb der Erdbahn um die Sonne laufen. Sie sind bedeutend schneller als die Erde und überholen uns gelegentlich. Auch bei diesem Vorgang sieht es für den Beobachter so aus, als liefen die Planeten zurück.

Nikolaus Kopernikus   *Tycho Brahe*   *Johannes Kepler*

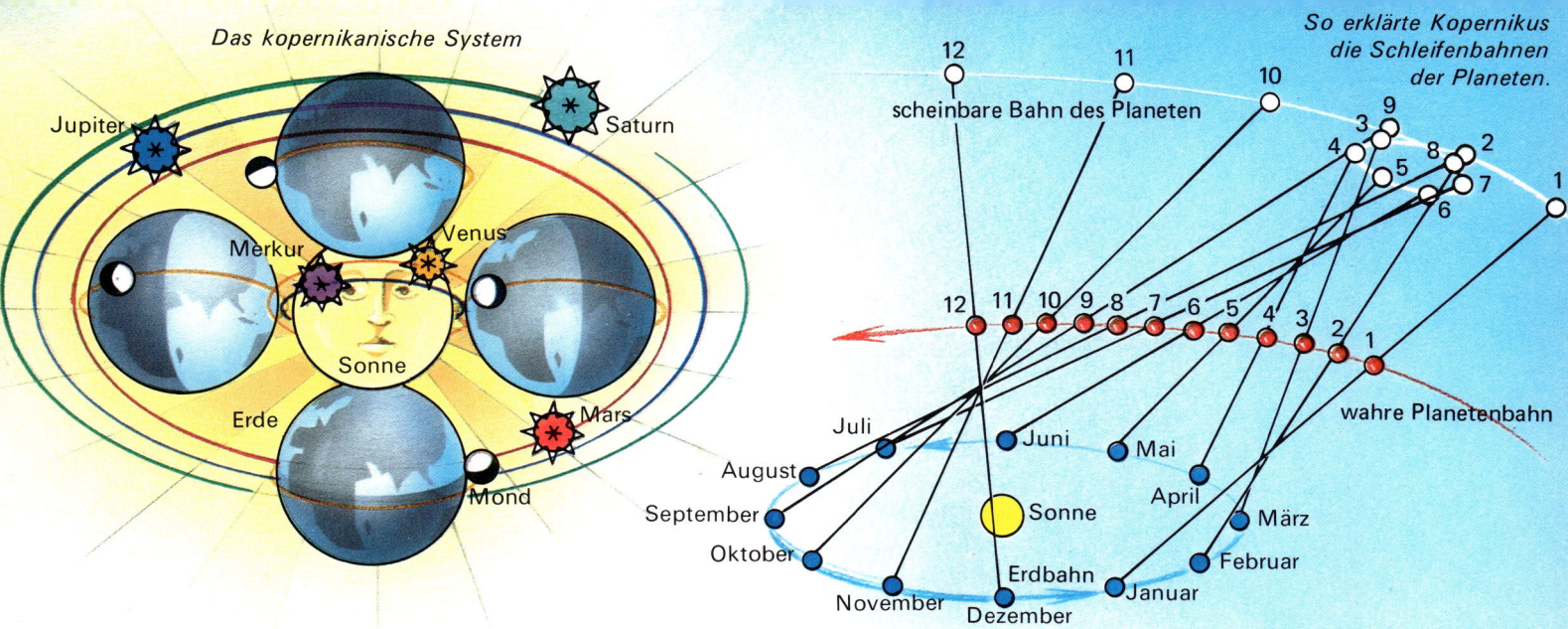

Das kopernikanische System

Jupiter · Saturn · Merkur · Venus · Sonne · Erde · Mars · Mond

So erklärte Kopernikus die Schleifenbahnen der Planeten.

scheinbare Bahn des Planeten

wahre Planetenbahn

Juli · Juni · Mai · August · April · September · März · Oktober · Februar · Sonne · November · Januar · Dezember · Erdbahn

Zunächst wurde die kopernikanische Lehre von der Kirche angegriffen. Aber auch bei den Himmelsforschern gab es Zweifel, weil doch nicht so genaue Vorausberechnungen der Planetenbewegungen erzielt werden konnten, wie man erwartet hatte. Noch war nämlich die Ursache für diesen Mangel nicht erkannt: Kopernikus hatte fälschlicherweise angenommen, die Planeten würden auf Kreisbahnen um die Sonne laufen. So schlug der dänische Astronom Tycho Brahe, der von 1546 bis 1601 lebte, eine neue Lösung vor. Nach seiner Vorstellung stand die Erde zwar ebenfalls in der Mitte des Weltalls. Sonne und Mond umkreisten jedoch die Erde. Nur die übrigen Planeten bewegten sich auf Bahnen um die Sonne.

Zwei Jahre vor seinem Tod wurde Tycho Brahe an den Hof von Kaiser Rudolph II. in Prag gerufen. Dort holte er 1600 einen anderen bedeutenden Astronomen zu sich: Johannes Kepler, der aus Weil der Stadt in Württemberg stammte, wo er 1571 geboren wurde. Schon mit 23 Jahren hatte Kepler seine erste astronomische Schrift „Das Weltgeheimnis" verfaßt. Tycho Brahe erkannte die großen Fähigkeiten des jun-

gen Mannes, obwohl dieser im Gegensatz zu Brahe ein Anhänger der Lehre von Kopernikus war. Nach dem Tod Brahes wurde Kepler kaiserlicher Hofastronom und Hofmathematiker in Prag. Er ging daran, die Marsbeobachtungen von Tycho Brahe auszuwerten. Nach jahrelangen Berechnungen kam er schließlich im Jahre 1609 zu dem Ergebnis, daß die Planeten sich nicht in Kreisbahnen, sondern in Ellipsen um die Sonne bewegen. Kepler fand heraus: Ein Planet bewegt sich um die Sonne in einer Ellipse, in deren einem Brennpunkt die Sonne steht; der andere Brennpunkt ist leer. Als zweites Gesetz entdeckte er, daß ein Planet sich in unterschiedlichen Geschwindigkeiten um die Sonne bewegt. Steht er der Sonne näher, ist er schneller, ist er weiter entfernt, läuft er langsamer. Eine dritte Gesetzmäßigkeit fand Kepler über die Umlaufzeiten und Entfernungen der Planeten heraus, die als komplizierter mathematischer Satz lautet: Multipliziert man die Umlaufzeit eines Planeten einmal mit sich selbst, ist das Ergebnis gleich dem, das man erhält, wenn man zweimal die Entfernung des Planeten zur Sonne mit sich selbst malnimmt.

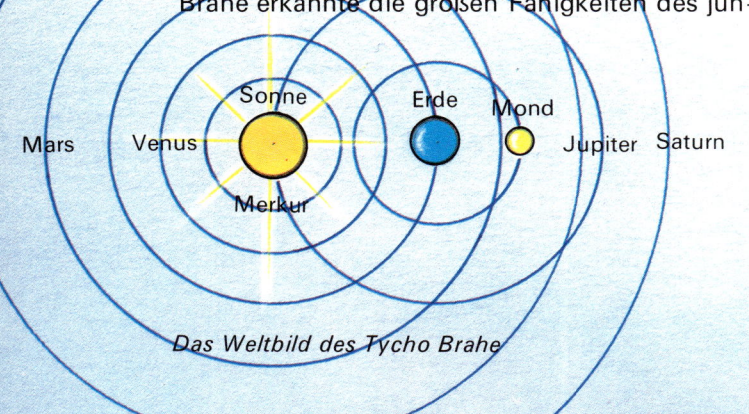

Sonne · Erde · Mond · Mars · Venus · Merkur · Jupiter · Saturn

Das Weltbild des Tycho Brahe

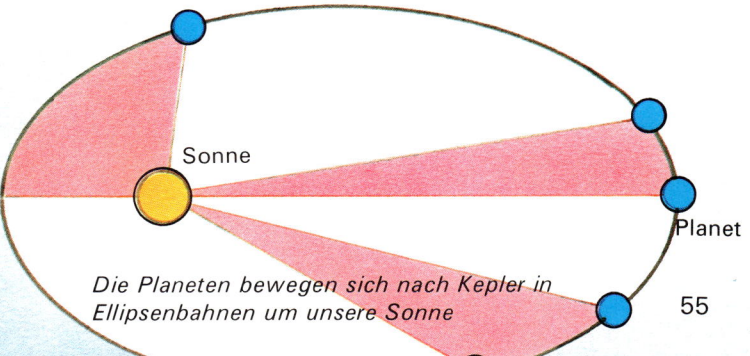

Sonne · Planet

Die Planeten bewegen sich nach Kepler in Ellipsenbahnen um unsere Sonne

55

Warum sich die Planeten bewegen

Die frühen Astronomen beschäftigten sich noch nicht mit der Frage, warum sich die Erde und die anderen Planeten um die Sonne bewegen und der Mond um die Erde läuft. Kepler vermutete als erster, daß in der Sonne eine „bewegende Seele" sitzen müsse, die das ganze System in Schwung halte. Dies waren erste Schritte zur heutigen Lehre der Himmelsmechanik. Sie erforscht, wie die Himmelskörper mit der Anziehungskraft, die sie besitzen, ihre Bewegungen im Raum untereinander beeinflussen.

Galileo Galilei, der berühmte italienische Gelehrte, beobachtete Gegenstände, wie sie zum Erdboden fallen. Er führte Experimente durch, um das Gesetz des freien Falls abzuleiten, baute eine Fallrinne und maß die Zeiten, die verschieden schwere Kugeln für ihren Fall brauchen.

Galilei kam zu dem Ergebnis: Alle Körper fallen unabhängig von ihrer Beschaffenheit gleich schnell, aber ihre Geschwindigkeit nimmt während des Falls allmählich zu. Viele Jahrhunderte hatte man geglaubt, daß schwere Körper schneller fallen und leichte langsamer. Galilei war als Astronom ein Verfechter der Lehre des Nikolaus Kopernikus (siehe Seite 54). Er lebte jedoch in einer Zeit – von 1564 bis 1642 –, in der die Kirche jede Lehre verbot, die die Erde nicht als Mittelpunkt des Weltalls ansah.

Galileo Galilei

Auf Drängen der Kirche schwor Galilei 1633 der kopernikanischen Lehre ab und wurde für den Rest seines Lebens in ein kleines Landhaus bei Florenz verbannt. Galileis Verdienst für die moderne Naturwissenschaft besteht wohl darin, daß er erstmals genauer nach dem Wie der Naturvorgänge fragte und seine Erkenntnisse in mathematischen Formeln exakt festhielt. Der italienische Gelehrte fand noch einen zweiten Grundsatz heraus, der für die Erforschung der Himmelsmechanik von Bedeutung ist: Ein Körper hält seinen Bewegungszustand bei, solange keine andere Kraft auf ihn einwirkt.

An dieses Trägheitsprinzip und das Fallgesetz des Galileo Galilei knüpfte der bedeutende englische Physiker und Astronom Isaac Newton an.

Isaac Newton

Er wurde 1642 geboren. Newton fragte: Warum fliegt der Mond nicht einfach von uns fort, sondern beschreibt eine Bahn um unsere Erde? Es wird erzählt, das Fallen eines Apfels vom Baum hätte ihn darauf gebracht, daß die Anziehungskraft, die alle Körper zur Erde streben läßt, auch den Mond in Erdnähe hält.

Schnur im Kreis herumschleudern. Der Stein stellt dabei den Mond auf seiner Bahn um die Erde dar. Die Zugkraft, die mit der Schnur auf den Stein ausgeübt wird, ist mit der Anziehungskraft vergleichbar, die die Erde auf den Mond ausübt. Daß der Mond nicht auf die Erde stürzt, verdanken wir seiner Umlaufbewegung und der Fliehkraft, die bei dieser Bewegung entsteht. Denken wir zum Vergleich an ein sich drehendes

Kettenkarussell. Durch die Fliehkraft werden die Sitze nach außen geschleudert. Die Fliehkraft des Mondes ist gerade so groß, daß sie die Anziehungskraft, die die Erde auf den Mond ausübt, ausgleicht. Dieser Ausgleich ist übrigens auch der Grund, warum in einer Raumkapsel, die um die Erde kreist, ein Zustand der Schwerelosigkeit herrscht.

Isaac Newton veröffentlichte im Jahre 1687 sein berühmtes Buch „Mathematische Prinzipien". Darin hat er das Gesetz von der Anziehungskraft der Körper, das Gravitationsgesetz, dargelegt. Newton fand heraus, daß die Anziehungskraft zwischen zwei Himmelskörpern um so stärker ist, je größer ihre Massen sind. Die Anziehungskraft ist umso schwächer, je weiter die beiden Himmelskörper voneinander entfernt sind. Es ist dabei nicht so, daß die Anziehungskraft nur noch halb so groß wäre, wenn die beiden Körper die doppelte Entfernung hätten. Vielmehr nimmt die Anziehungskraft viel schneller ab. Newton berechnete, daß bei der doppelten Entfernung zweier Himmelskörper die Anziehungskraft auf ein Viertel sinkt. Sind die beiden Körper dreimal soweit entfernt, ist die Anziehungskraft nur noch ein Neuntel so stark, bei der vierfachen Entfernung ein Sechzehntel.

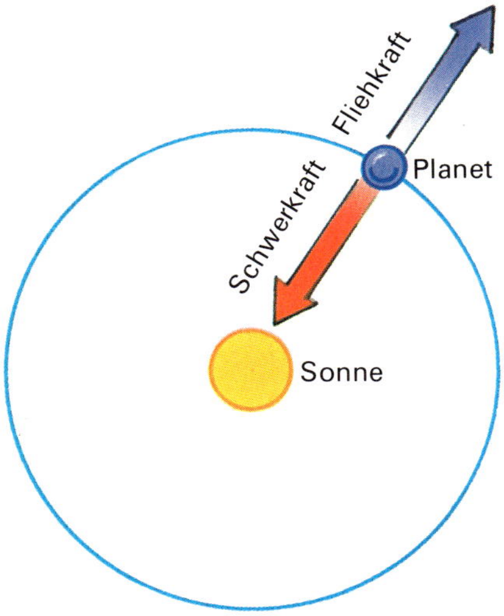

Fliehkraft

Schwerkraft

Planet

Sonne

Rohre, die den Himmel erschließen

Im Jahre 1594 ließ sich der junge Optiker Hans Lipperhey in dem kleinen Städtchen Middelburg in Holland nieder. Wenige Jahre später sollen — so wurde später erzählt — seine Kinder mit den gläsernen Linsen ihres Vaters gespielt haben. Zufällig hielten sie zwei verschiedene Linsen hintereinander und betrachteten durch sie hindurch eine ferne Mühle. Plötzlich bemerkten sie, daß diese ganz nahe zu sein schien. Sie berichteten ihrem Vater von dem Erlebnis, und so soll das Fernrohr erfunden worden sein. Wir wissen zwar nicht genau, ob diese Geschichte stimmt — fest steht aber, daß Hans Lipperhey im Jahre 1608 das Fernrohr erfand.

1610 baute sich Galileo Galilei ein Fernrohr und machte auf Anhieb mehrere bedeutende Entdeckungen: In der Nähe des Jupiter fand er vier Satelliten; die bis dahin nur als Nebel sichtbare Milchstraße löste sich in einzelne Sterne auf; Venus zeigte Phasen und auf dem Mond entdeckte er Berge und Krater. Viele seiner Beobachtungen wurden ihm aber gar nicht geglaubt. So weigerten sich einige Professoren der Universität von Florenz hartnäckig, durch das Fernrohr zu blicken (siehe Seite 86).

Auch Johannes Kepler beschäftigte sich mit dem Bau von Fernrohren. Am vorderen Ende seines Fernrohrs befindet sich ein Objektiv — die Gegenstandslinse. Hinter dem Objektiv, im Brennpunkt, wird vom fernen Himmelsobjekt ein umgekehrtes Bild erzeugt und durch das Okular — die Augenlinse — vergrößert betrachtet.

Im Lauf des siebzehnten Jahrhunderts wurden immer größere Fernrohre gebaut. Sie lieferten natürlich lange nicht so scharfe und helle Bilder wie heutige Instrumente. Außerdem waren sie sehr unpraktisch auf hohen Stangen aufmontiert und mußten mit Flaschenzügen in die nötige Stellung gebracht werden. Der Danziger Astronom Johann Hevel baute vor den Toren seiner Stadt ein Rieseninstrument von 45 Metern Länge. Ihr könnt euch vorstellen, wie unhandlich solche Geräte waren und wie der leiseste Wind das Beobachten zur Qual machte.

Ein großer Mangel der damaligen Fernrohre bestand darin, daß die Bilder störende Farbsäume zeigten. Erst sehr viel später lernte man, daß man das Objektiv aus zwei oder noch mehr einzelnen Linsen zusammensetzen mußte, um diesen Fehler zu beseitigen. Dazu bedurfte es aber auch guter Gläser. 1750 kittete erstmals der Engländer John Dollond zwei Linsen, die aus verschiedenen Glassorten bestanden, zusammen. Etwa 70 Jahre später wurden solche Objektive durch den deutschen Optiker Joseph Fraunhofer noch wesentlich verbessert.

Linsenfernrohre heißen auch Refraktoren. Die größten Geräte dieser Art stehen heute in Amerika. Das Fernrohr auf dem Yerkes-Observatorium bei Chicago hat ein Objektiv mit einem Durchmesser von 102 Zentimetern und einer Gesamt-

Das Riesenfernrohr des Danziger Astronomen, Johann Hevel

So zeichneten die ersten Astronomen, die über Fernrohre verfügten, die Planeten Saturn, Jupiter, Mars und Venus.

58

länge von etwa 20 Metern; das Fernrohr des Lick-Observatoriums auf dem Mount Hamilton bei San Francisco hat ein Objektiv mit 91 Zentimetern Durchmesser und eine Länge von 18 Metern. Noch größere Linsenfernrohre kann man nicht herstellen, da die riesigen Linsen sich im Fernrohr so stark verbiegen würden, daß sie keine scharfen Bilder mehr liefern könnten. Aber inzwischen ist man mehr auf den Bau von Spiegelteleskopen (Reflektoren) übergegangen.

Eigentlich gab es schon bald nach der Erfindung der Linsenfernrohre auch Spiegelteleskope. Zunächst mußte man bei ihrem Bau aber mit großen technischen Schwierigkeiten kämpfen. Ein Hohlspiegel liefert wie ein Objektiv von einem weitentfernten Gegenstand ein Bild, das wieder durch ein Okular betrachtet werden kann. Leider aber liegt dieses Bild inmitten des Fernrohrs. Wollten wir es durch ein Okular betrachten, so stünde unser Kopf im Wege und würde verhindern, daß die Lichtstrahlen des Himmelskörpers, den wir beobachten wollen, überhaupt den Spiegel erreichen.

Schließlich erfand Isaac Newton 1671 einen technischen Trick, der sich so gut bewähren sollte, daß er heute noch bei kleinen Fernrohren dieser Art angewendet wird. Er setzte in das Fernrohr einen kleinen Fangspiegel ein. Dieser spiegelte die vom Hohlspiegel zurückgeworfenen Strahlen rechtwinklig zur Seite. Bei einem derartigen Newton'schen Spiegelteleskop blickt man also vorne seitlich in das Okular hinein.

Neben dem Newton-Spiegel gibt es noch zahlreiche andere Möglichkeiten für die Bauweise eines Spiegelteleskops, die wir hier gar nicht alle beschreiben können. Der Newton-Spiegel ist aber gerade bei den kleinsten und billigsten Teleskopen am häufigsten anzutreffen.

Ein begeisterter Spiegelbauer war der aus Hannover stammende Musiker Wilhelm Herschel (1738 bis 1822), der nach England auswanderte und sich dort schließlich mit der Astronomie beschäftigte. Sein größtes Spiegelteleskop hatte den Durchmesser von 122 Zentimetern und eine Länge von über 12 Metern.

Da man die Spiegel – im Gegensatz zu den Linsen – in einem Fernrohr an der Unterseite abstützen kann, biegen sich die Spiegel auch bei höherer Belastung nicht durch. So war es im Laufe der Zeit möglich, immer größere Spiegel herzustellen.

Die wichtigste Angabe für die Leistung eines Fernrohrs ist der Durchmesser des Objektivs oder Hauptspiegels. Davon hängt ab, wieviel Licht es aufsammeln kann. Durch ein Fernrohr mit größerem Durchmesser kann man besonders schwache und weit entfernte Sterne sehen oder photographieren. Auch wenn es darum geht, zwei ganz eng beieinander befindliche Gegenstände zu unterscheiden, zum Beispiel zwei eng beieinanderstehende Sterne, ist der Durchmesser von Spiegel oder Objektiv entscheidend. Die Vergrößerung ist für die Qualität eines Fernrohrs viel nebensächlicher.

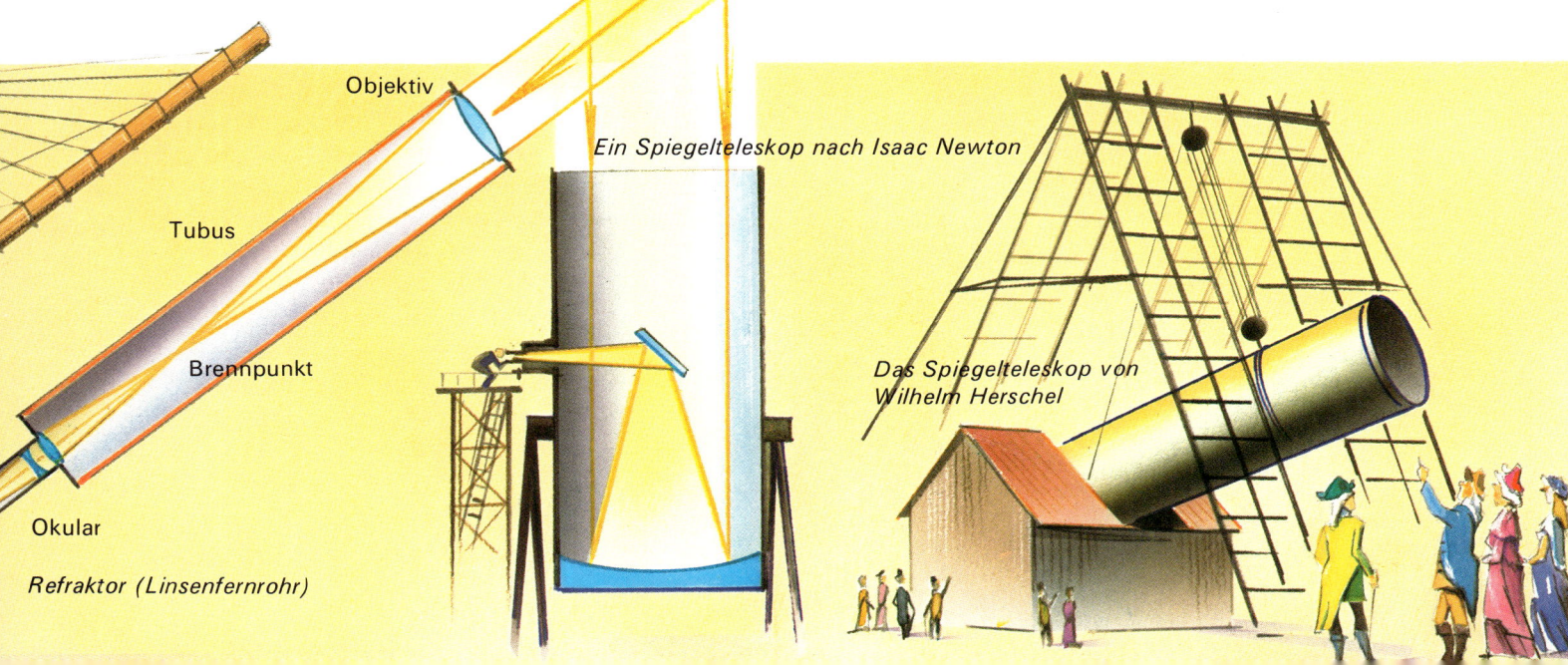

Objektiv

Tubus

Brennpunkt

Okular

Refraktor (Linsenfernrohr)

Ein Spiegelteleskop nach Isaac Newton

Das Spiegelteleskop von Wilhelm Herschel

Ein Fernrohr für uns

Es gibt ein altes Sprichwort in der Astronomie: „Jedes Fernrohr hat seinen Himmel". Schon mit ganz kleinen Instrumenten können wir verblüffende Beobachtungen machen. Das beginnt bereits mit einem Opernglas, das meist eine dreifache Vergrößerung besitzt. Seine optische Bauweise entspricht dem alten holländischen Fernrohr. Es kann bereits sehr schön unsere Beobachtung mit bloßem Auge unterstützen. Noch besser ist natürlich ein Fernglas, auch Feldstecher genannt. Die Zahlenangaben wie zum Beispiel 7×30 oder 10×50 weisen auf die Leistung des Gerätes hin. Die erste Zahl ist die Vergrößerung, die zweite Zahl ist die „Öffnung", also der Durchmesser des Objektivs in Millimetern. Für astronomische Beobachtungen ist ein Feldstecher mit 50 Millimetern Öffnung schon sehr vorteilhaft. Wir können damit um die Halbmondzeit Krater und Gebirge auf unserem Erdtrabanten sehen, entdecken die vier

Mit einfachen Fernrohren kann man schon interessante Himmelsbeobachtungen machen.

größten Jupitersatelliten und lösen Sternhaufen in einzelne Lichtpunkte auf. Hat unser Feldstecher eine mehr als zehnfache Vergrößerung, dann sollten wir ihn auf ein Stativ stellen, damit die Bilder nicht verwackeln.

Auf die Feldstecher folgen in der Größenordnung aufwärts bereits kleine Fernrohre, die eine Öffnung zwischen 50 und 70 Millimetern aufweisen. Solche Geräte sind meist Kepler'sche Fernrohre. Sie liefern umgekehrte Bilder — es sei denn, wir würden hinten noch zusätzliche Linsen, einen „Umkehrsatz" einschrauben. Aber die Sternbeobachter haben sich von früh an so schnell an die umgekehrten Bilder gewöhnt, daß man meist auf diesen Umkehrsatz verzichtet — zumal er auch noch Licht verschluckt und dadurch die Beobachtung erschwert.

Für das Aufstellen, das Montieren der Fernrohre gibt es zwei unterschiedliche Systeme. Ein „azimutal" montiertes Fernrohr kann um eine senkrechte und eine waagrechte Achse gedreht

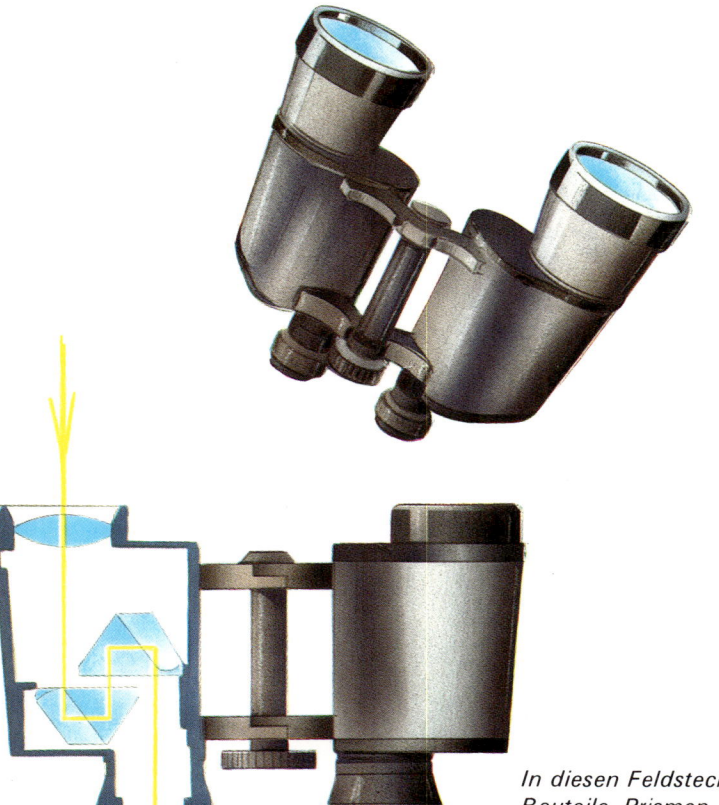

In diesen Feldstecher sind besondere optische Bauteile, Prismen, eingebaut. Sie bewirken, daß die Bilder nicht wie in einem astronomischen Fernrohr auf dem Kopf stehen.

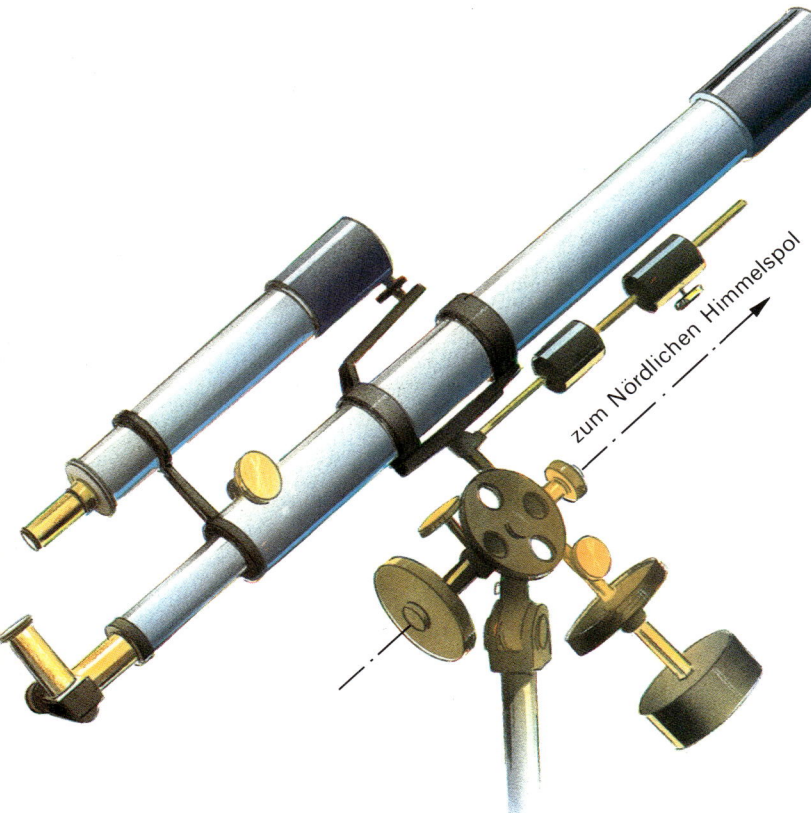

*So ist ein parallaktisch montiertes Fernrohr auf-
gebaut. Die Achse, die von links unten nach rechts
oben weist, zeigt in der Verlängerung auf den
nördlichen Himmelspol.*

werden. Diese Fernrohre sind etwas billiger als
die „parallaktisch" montierten Instrumente. Bei
diesen Geräten ist die eine Achse so schräg
gestellt, daß sie auf den Polarstern – genauer
auf den nördlichen Himmelspol weisen soll. Diese
Fernrohre haben den Vorzug, daß wir ein einge-
stelltes Gestirn, das wir beobachten wollen, durch
eine Drehung um nur eine winzige Achse im
Gesichtsfeld halten können. Weil sich die Erde
um ihre eigene Achse dreht, sieht es für uns
ja so aus, als ob die Gestirne am Himmelsgewölbe
immer weiterlaufen würden. An die Polachse
solcher parallaktisch montierter Fernrohre kann
man sogar noch einen Nachführmotor ansetzen.
Er dreht das Fernrohr langsam der täglichen
Bewegung der Sterne nach. Für den Anfang
genügt es aber, wenn wir das Fernrohr von
Hand nachdrehen.

Um mit einem Spiegelteleskop umzugehen,
braucht man ebenfalls kein erfahrener Astronom
zu sein. Spiegelteleskope sind bei gleicher Öff-

nung sogar billiger als Linsenfernrohre. Allerdings ist die Leistung eines Spiegelteleskops
von zum Beispiel 12 Zentimetern Öffnung geringer als die eines Linsenfernrohrs von gleicher
Öffnung. Außerdem sind die Spiegelteleskope
etwas empfindlicher in der Handhabung. Die
Spiegel können sich leicht gegeneinander verschieben. Gelegentlich wird es notwendig sein,
ein wenig nachzustellen. Das gilt besonders für
Fernrohre, die wir dauernd hin- und hertragen
müssen. Die Spiegel sind dann genau eingestellt,
also justiert, wenn wir beim Blick in das leere
Okular in dem Fangspiegel unser im Hauptspiegel wiederum reflektiertes Auge sehen können.

Wir sollten bei der Wahl eines Fernrohrs für
uns selbst weniger auf die Vergrößerungsfähig-
keit als auf die „Öffnung" achten. Als Faustregel
können wir uns merken: Die stärkste vernünfti-
gerweise noch einsetzbare Vergrößerung beträgt
das Doppelte des Objektivdurchmessers in Millimetern. Bei einem Fernrohr von 60 Millimetern
Öffnung werden wir also höchstens eine 120fa-
che Vergrößerung benutzen können.

*Bei einem Newtonschen Spiegelteleskop
blickt man seitlich in das Okular.*

Riesensternwarten

Die größten Fernrohre, die es heute auf der Welt gibt, sind Spiegelteleskope. Nachdem bereits 1917 auf dem Mount Wilson bei Los Angeles ein Spiegelteleskop von zweieinhalb Metern Durchmesser in Betrieb genommen werden konnte, wurde 1947 auf dem Mount Palomar im Süden von Kalifornien ein 5 Meter-Spiegelteleskop fertiggestellt. Es wurde erst vor wenigen Jahren durch einen 6 Meter-Spiegel im Kaukasus an Größe übertroffen.

Die hufeisenförmige Montierung des Mount Palomar-Spiegels wiegt 145 Tonnen und hat einen Durchmesser von 14 Metern. Alle beweglichen, rund 500 Tonnen schweren Teile des Teleskops schwimmen auf einer ein Zehntel Millimeter dünnen Ölschicht. Ein winziger elektrischer Motor genügt, um das Teleskop dem Lauf der Sterne nachzuführen.

Inzwischen sind aber Optik, Mechanik und Elektronik so weit vorangeschritten, daß auch ein Spiegelteleskop von 3 oder 4 Metern Durchmesser dasselbe leistet wie der Mount Palomar-Spiegel. Außerdem sucht man heute besonders günstige Plätze auf der Erdoberfläche aus, um unter den besten klimatischen Bedingungen die Sterne zu erforschen. So gibt es zum Beispiel in der Nähe von Phoenix im nordamerikanischen Arizona das Kitt Peak-Observatorium. Neben großen Einrichtungen zur Erforschung der Sonne verfügt es über drei riesige Spiegelteleskope von 2,1 Meter, 2,3 Meter und 4 Meter Durchmesser. Im südamerikanischen Chile wurde in den letzten zwanzig Jahren ein amerikanisches und ein europäisches Südobservatorium errichtet. Diese beiden hoch in den Anden gelegenen Sternwarten besitzen zahlreiche Kuppeln. Darin befinden sich Spiegel in der Größe von 4 und 3,6 Metern. Das Max-Planck-Institut für Astronomie baute in den letzten Jahren in Südspanien auf dem Calar Alto ein Observatorium auf, das neben einem 1,2 Meter- und einem 2,2 Meter-Spiegel

Das 5 Meter-Spiegelteleskop auf dem Mount Palomar in Kalifornien

demnächst über einen 3,5 Meter-Spiegel verfügen wird.

Diese fernen Sternwarten sind meist nicht dauernd von denselben Astronomen besetzt. Die Himmelsforscher reisen vielmehr von ihren heimatlichen Instituten an und bleiben für einige Wochen oder Monate in Chile oder Südspanien, um dort ihre Beobachtungen, fotografischen Aufnahmen und Messungen zu machen. Das angesammelte Zahlenmaterial nehmen sie mit in die Heimat zurück, um es anschließend in aller Ruhe auswerten zu können.

Leider sind die Wetterumstände bei uns in Mitteleuropa so ungünstig, daß es sich nicht

lohnt, hier größere Sternwarten zu errichten. Diese Instrumente wären nur für wenige Tage des Jahres voll einsatzfähig. Für alle, die das Weltall wissenschaftlich erforschen wollen, lohnt sich die Reise in ein fernes Land, um dort unter einem besonders klaren Himmel, an dem sich nur selten im Jahr Wolken zeigen, Beobachtungen vorzunehmen.

In den dichtbesiedelten Gebieten Europas und teilweise auch Nordamerikas nimmt die Lichterfülle der Großstädte so zu, daß der Himmel stark aufgehellt wird. Die Beobachtung von lichtschwachen Sternen wird dadurch immer schwieriger. Selbst die großen kalifornischen

Die große Sternwarte auf dem Calar Alto im spanischen Sierra Nevada-Gebirge gehört dem Max-Planck-Institut Heidelberg. Sie wird von deutschen und spanischen Astronomen betrieben.

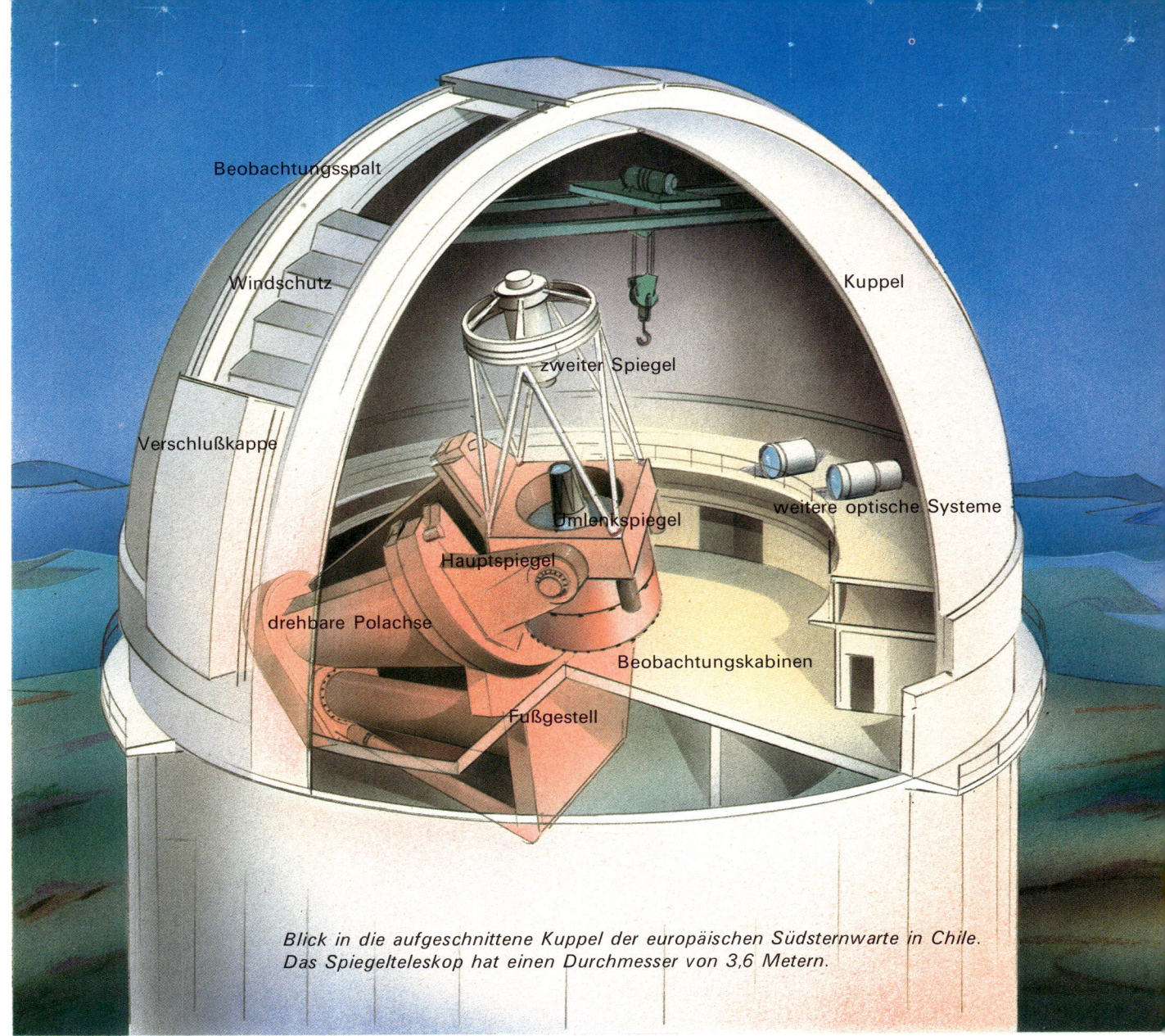

Beobachtungsspalt

Windschutz

Kuppel

zweiter Spiegel

Verschlußkappe

Umlenkspiegel

weitere optische Systeme

Hauptspiegel

drehbare Polachse

Beobachtungskabinen

Fußgestell

Blick in die aufgeschnittene Kuppel der europäischen Südsternwarte in Chile. Das Spiegelteleskop hat einen Durchmesser von 3,6 Metern.

Sternwarten, vor allem auf dem Mount Wilson, sind davon in den letzten Jahren stark in Mitleidenschaft gezogen worden. In Mitteleuropa ist kaum mehr ein Platz ausfindig zu machen, von dem aus man ungestört beobachten kann. Man ist zudem nie sicher, ob in den Jahren nach der Errichtung einer großen Sternwarte nicht doch wieder neue Ansiedlungen und Industriegebiete in der Umgebung die Sicht verschlechtern. Deswegen gibt es dort in letzter Zeit immer weniger neue Großsternwarten.

Im Durchschnitt gibt es bei uns in jedem Jahr nur etwa 60 klare Nächte. Für besonders empfindliche Messungen kommen nur 30 bis 40 Nächte in Betracht. Dagegen kann man in Chile oder Südspanien unter Umständen 250 bis 300 klare Nächte jährlich erwarten. So kann also fast das ganze Jahr ausgenutzt werden.

Offen bleibt, ob in den nächsten Jahren noch größere Teleskope auf der Erde errichtet werden sollen. In Kalifornien ist ein 10 Meter-Spiegel im Gespräch.

Radioteleskope

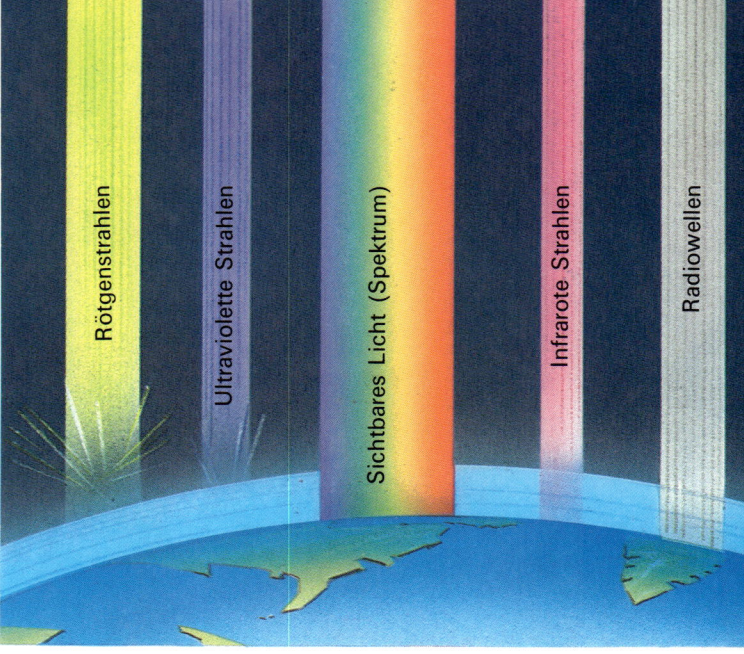

Im Jahr 1931 war der amerikanische Techniker Karl Guthe Jansky damit beschäftigt, mit einer Kurzwellenantenne am Himmel Herde von Radiostörungen abzutasten, die sich im Lautsprecher durch ein Rauschen anzeigten. Da bemerkte er, daß diese Störungen aus dem Sternbild Schütze stammten. So wurden erstmals Radiowellen aus dem Kosmos empfangen.

Inzwischen sind Radioteleskope zu einem wichtigen Forschungsmittel der Astronomie geworden. Früher konnte man nur Lichtstrahlen wahrnehmen. Aber es gibt auch noch Ultraviolettstrahlen, Röntgenstrahlen und Infrarotstrahlen. Alle diese Wellen bleiben aber in der Lufthülle unserer Erde hängen. Nur die Radiostrahlen gelangen außer den Lichtwellen meist durch unsere Lufthülle hindurch und können von der Erdoberfläche aus aufgefangen werden. Die Radiowellen aus dem Kosmos machen sich im Lautsprecher durch ein Rauschen bemerkbar. Radioastronomen zeichnen mit Empfangsgeräten einfach die Stärke dieser Radiostrahlung in Kurven auf.

Radioteleskope haben meist einen viel größeren Durchmesser als die optischen Teleskope. Das liegt daran, daß wir mit einem solchen Gerät eng beieinander befindliche Radioquellen am Himmel weniger genau abtasten können als mit einem optischen Fernrohr. Das größte, nach allen Richtungen drehbare Radioteleskop

Nur ein Teil aller Strahlungen, die im Weltall auftreten, gelangen durch die Lufthülle unserer Erde und können vom Erdboden aus untersucht werden: das sichtbare Licht und die Radiowellen.

der Erde befindet sich in Effelsberg in der Eifel. Es hat einen Durchmesser von 100 Metern. Auf Puerto Rico, der Großen Antillen-Insel zwischen Nord- und Südamerika, befindet sich ein Radio-Spiegel von 305 Metern Durchmesser. Er ist in eine natürliche Bergmulde fest eingebaut und weist senkrecht nach oben.

Noch vor wenigen Jahren war die Radioastronomie der optischen Astronomie stark unterlegen, wenn es darum ging, zwei eng benachbarte Gestirne in der Beobachtung zu trennen. Heute schaltet man zwei oder mehrere Radioteleskope zusammen. Zunächst waren diese Radioteleskope einige hundert Meter von einander entfernt.

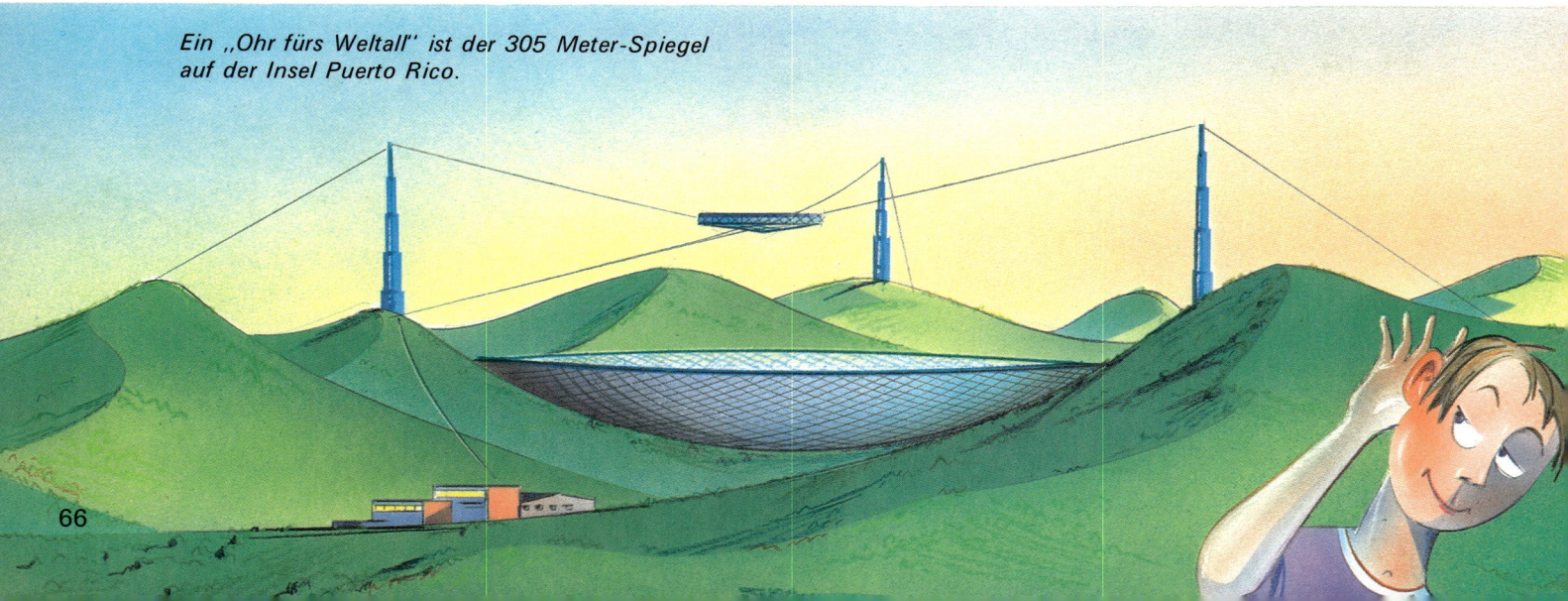

Ein „Ohr fürs Weltall" ist der 305 Meter-Spiegel auf der Insel Puerto Rico.

Schließlich kam man auf die Idee, Radioteleskope miteinander zu verbinden, die Tausende von Kilometern auf der Erdoberfläche von einander entfernt sind, zum Beispiel in Australien, Amerika und Europa. Zu einer bestimmten Zeit machen zwei Radioteleskope von irgendeinem Gestirn, das Radiowellen aussendet, Aufzeichnungen auf Magnetband. Dann werden die beiden Magnetbänder zusammen untersucht. Auf diesem Wege war es in den letzten Jahren möglich, die Radioobjekte am Himmel sogar noch genauer zu orten, als man es bisher mit optischen Teleskopen konnte.

Eine besonders riesige radioastronomische Einrichtung wurde im amerikanischen New Mexico errichtet. Dort befinden sich 27 bewegliche Antennen mit je 25 Metern Durchmesser. Alle Antennen sind in der Form des Buchstaben Y angeordnet. Die einzelnen Arme des Y sind immerhin 21 Kilometer lang.

In der UdSSR befindet sich im Kaukasus eine andere Einrichtung: Ratan 600. Sie besteht aus 900 Platten mit je siebeneinhalb Metern Höhe und zwei Metern Breite. Alle diese Platten sind in einem Kreis von fast 600 Metern Durchmesser angeordnet.

Der 100 Meter-Radiospiegel bei Effelsberg in der Eifel

Auf dem Feuerstuhl ins All: Raketen und Satelliten

Die Erfindung der Rakete verliert sich ein wenig im Dunkel der Vergangenheit. Viele behaupten, es habe Raketen bereits 3000 vor Christus gegeben. Sehr wahrscheinlich ist das aber nicht. Dagegen wissen wir mit Sicherheit, daß im Jahre 1232 Raketen bei der Verteidigung der chinesischen Stadt Kei-Fung-Fu gegen die Mongolen benutzt wurden. Die „Pfeile des fliegenden Feuers" hatten unter den Mongolen ungeheures Entsetzen verbreitet. Einige Jahrhunderte später war es in Europa schon üblich, ein Fest mit Feuerwerksraketen zu feiern.

Auch der Amerikaner Robert Hutchins Goddard (1882 bis 1945) ließ Raketen aufsteigen. Am 31. Mai 1935 erreichte er bereits eine Höhe von 2 250 Metern. Noch größere Höhen erzielten die Raketen des 2. Weltkrieges. Danach war die technische Weiterentwicklung nicht mehr aufzuhalten. Bald wurden auch zwei- oder mehrstufige Raketen gebaut. Dabei trug die unterste Stufe eine weitere Rakete in eine bestimmte Höhe. War nun der Treibstoffvorrat der unteren Stufe erschöpft, wurde diese abgetrennt. Erst dann wurde die zweite Stufe gezündet. Ähnlich funktioniert das Prinzip der dreistufigen Raketen. Durch die Zusammensetzung der einzelnen Stufen konnte man wesentlich größere Höhen und Geschwindigkeiten erreichen.

Am 4. Oktober 1957 wurde der erste künstliche Erdsatellit, Sputnik 1, in Rußland gestartet. Am 31. Januar 1958 folgte auch der erste amerikanische Satellit Explorer 1. Bis heute haben schon viele Tausende solcher künstlicher Monde unsere Erde umkreist. Die meisten sind zwar wieder abgestürzt, viele können aber fast für immer die Erde umrunden. Das gilt besonders für diejenigen Satelliten, die sich vollständig außerhalb der irdischen Lufthülle bewegen.

Damit ein Satellit nicht wieder zur Erdoberfläche herabfällt, muß er eine bestimmte Geschwin-

V 2

Vanguard

Thor-Delta

Atlas-Centaur

Sojus

Saturn 5

Seit dem 2. Weltkrieg nahm die Raketentechnik eine rasante Entwicklung.

digkeit haben, die Kreisbahngeschwindigkeit. Für einen Satelliten, der nicht allzuweit über dem Erdboden kreist, beträgt sie fast 8 Kilometer pro Sekunde oder etwa 28 000 Kilometer pro Stunde. Dabei ist wenigstens eine Höhe von 170 Kilometern über der Erdoberfläche einzuhalten. Auf dieser Bahn um unsere Erde entsteht für den Satelliten eine so große Fliehkraft, daß sie genau die Anziehungskraft der Erde aufheben kann. Durch das Gleichgewicht zwischen Fliehkraft und Anziehungskraft entsteht die Schwerelosigkeit im All, die auch im Innern eines Satelliten oder einer Raumstation herrscht. Ein tiefer als 170 Kilometer über der Erde fliegender Satellit würde durch die Reibung in der Lufthülle unserer Erde sofort wieder abstürzen. Die Zeitspanne, die ein Satellit auf einer Umlaufbahn in etwa 170 Kilometer Höhe benötigt, um die Erde einmal zu umkreisen, beträgt knapp eineinhalb Stunden.

Die ersten Satelliten waren natürlich noch unbemannt. Aber schon am 12. April 1961 umkreiste Juri Gagarin in seinem Raumfahrzeug Wostok 1 einmal die Erde auf einer Bahn zwischen 181 und 327 Kilometern Höhe. Am 5. Mai 1961 folgte der amerikanische Astronaut Alan Shepard, der mit einer Merkur-Kapsel eine Höhe von 184 Kilometern erreichte. Dies war allerdings keine Umkreisung der Erde, sondern nur ein „Steinwurf" hoch in die Atmosphäre und gleich wieder herunter. Der erste Amerikaner, der die Erde umrundete, war John Glenn am 20. Februar 1962. Er umkreiste die Erde gleich dreimal. Immer länger wurden die Flüge und immer größer die bemannten Flugkörper. In den amerikanischen Gemini-Kapseln hatten bereits zwei Astronauten Platz. Die russischen Wostok-Raumfahrzeuge hatten sogar schon Raum für drei Kosmonauten (so nennt man die russischen Weltraumfahrer). Später kamen die russischen Raumfahrzeuge Sajut an die Reihe, die an den Sojus-Flugkörper angekoppelt wurden. Auch hier flogen bis zu drei Kosmonauten mit. Die Flugdauer näherte sich im Laufe der folgenden Zeit einem ganzen Jahr.

Piep... Piep... Piep...

Gemini-Raumkapsel

Navigationssatellit Aerosat

Sonnensonde Helios

Eine Fülle von künstlichen Satelliten umkreist ständig unter anderem zur Erforschung der Erde und des Weltalls unseren Planeten.

69

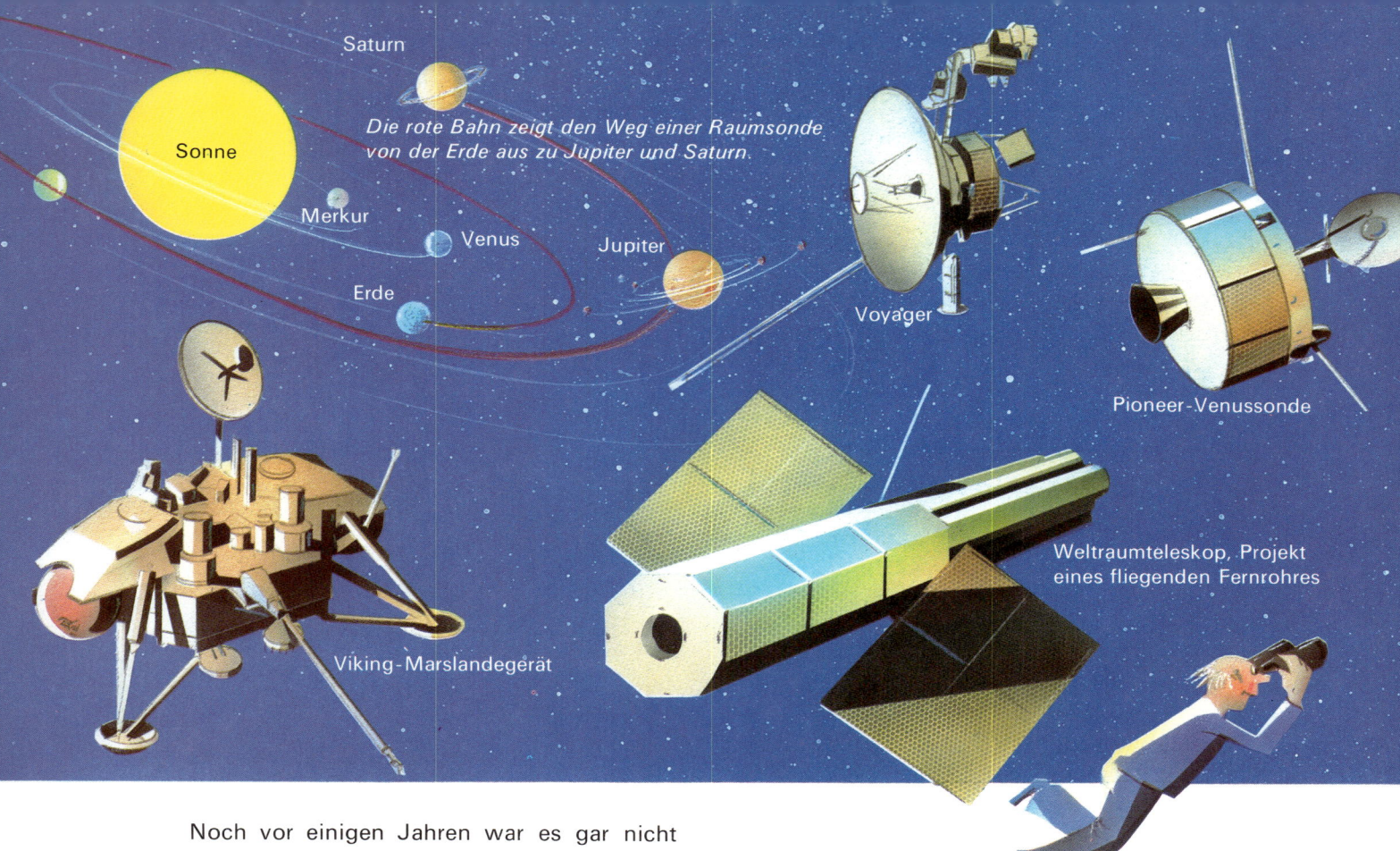

Saturn

Sonne

*Die rote Bahn zeigt den Weg einer Raumsonde
von der Erde aus zu Jupiter und Saturn.*

Merkur

Venus

Jupiter

Erde

Voyager

Pioneer-Venussonde

Weltraumteleskop, Projekt
eines fliegenden Fernrohres

Viking-Marslandegerät

Noch vor einigen Jahren war es gar nicht sicher, ob der Mensch eine so lange Zeit den schwerelosen Zustand im Weltraum gesundheitlich aushalten kann. Man erfand aber eine besondere Gymnastik, die täglich mehrmals von den Raumfahrern ausgeführt wird und ihnen Kreislauf, Knochen und Muskeln gesundhält.

Die amerikanische bemannte Raumfahrt hatte ihren größten Höhepunkt mit der Landung auf der Mondoberfläche (siehe Seite 48). Dem Apollo-Projekt folgten andere Raumfahrtprogramme. Dazu gehört der Flug des amerikanischen Raumlabors Skylab, das 1973 und 1974 dreimal hintereinander mit je drei Astronauten besetzt war. Sie machten zahlreiche Beobachtungen und Fotografien der Sonne, erkundeten die Erde, machten Versuche mit flüssigen Kristallen und Metallen oder erforschten die Reaktion des Menschen im schwerelosen Zustand. 1975 wurden erstmals auch zwei Raumflugkörper verschiedener Nationen zusammengekoppelt: die russische Raumkapsel Sojus und die amerikanische Raumkapsel Apollo.

Wenn auch bemannte Raumflüge zu anderen Planeten noch viele Jahre auf sich warten lassen, so ist doch das nächste Ziel der Raketentechnik — der Bau größerer Raumstationen — in greifbare Nähe gerückt. Mit dem Jahr 1981 begann in Amerika das Zeitalter des Raumtransporters Space Shuttle. Wie ein Flugzeug kann er mehrmals gestartet, gelandet, repariert und wieder gestartet werden. Damit wird die Raumfahrt kostensparender; die bisherigen Flugkörper waren alle nur für einen einzigen Flug konstruiert. Der Raumtransporter kann verschiedene Wissenschaftler in die Umlaufbahn um die Erde bringen, wo sie ihre Experimente ausführen. Natürlich sind es nicht nur Astronomen, sondern auch Meteorologen, die das Wetter erforschen, und Geophysiker, die sich für die physikalischen Eigenschaften der Erde, zum Beispiel für ihr Magnetfeld, interessieren. In einer Einbuchtung des Raumtransporters kann ein Raumlabor, Space-

Space Shuttle,
der Raumtransporter

Spacelab, das Weltraumlabor. Von ihm erhofft
man sich neue Erkenntnisse in der Raumforschung.

lab, angebracht werden, das übrigens in Deutschland gebaut wird.

Etwa 1985 wird der Raumtransporter ein Weltraumteleskop in eine Umlaufbahn um die Erde tragen. Es wird einen Durchmesser von 2,4 Metern haben. Außerhalb der Lufthülle kann es viel lichtschwächere Sterne entdecken als irgendein Teleskop auf der Erde.

Vielleicht gibt es im Jahr 2000 noch größere Raumstationen, die jahrelang die Erde umkreisen. Transporterrakten könnten weitere Wissenschaftler und Techniker dort hinbringen und die Station mit den nötigen Versorgungsmaterialien eindecken.

Auch die unbemannten Satelliten und Raumsonden haben in den letzten Jahren und Jahrzehnten viel zur Erforschung des Weltalls beigetragen. Sie sind billiger und weniger kompliziert konstruiert als die bemannten Flugkörper. Außerdem können sie kleiner, leichter und mit weniger Sicherheitsvorkehrungen gebaut werden. Unbemannte Satelliten werden zur Übertragung von Fernsehsendungen, aber auch zur Navigation von Schiffen auf hoher See benutzt. Die Raumfahrttechnik ist aus unserem Leben heute gar nicht mehr wegzudenken. Jede Satelliten-Wetterkarte, die wir abends im Fernsehen betrachten können, zeigt uns den praktischen Nutzen der Raumfahrt.

Für die Himmelsforscher sind die Satelliten und Raumsonden nicht nur deswegen so hilfreich, weil sie andere Gestirne, wie etwa den Mond oder die Planeten, direkt erreichen, sondern noch aus einem anderen Grund: Außerhalb der irdischen Lufthülle können wir alle Strahlen, die es im Weltraum gibt, untersuchen. Während die Radioastronomie ein zweites Fenster ins Weltall aufgestoßen hat, haben sich durch die Raketen und Satelliten die Wände unseres Hauses, in das wir eingeschlossen sind – nämlich der Erdatmosphäre – aufgelöst. Es gibt keine Fenster mehr, durch die wir mühsam hindurchschauen müßten. Das ganze Weltall mit seinen mannigfaltigen Strahlungen steht uns offen. Das ist vielleicht der größte Vorteil, den die Raumfahrt den Astronomen gebracht hat.

Die Landkarten unseres Planetensystems

Wie weit sind die Planeten von der Sonne entfernt? Unser Bild zeigt, in welchem Abstand voneinander und in welcher Reihenfolge die Planeten die Sonne umlaufen. Auf der Zeichnung sind auch die jeweiligen Entfernungen zwischen der Sonne und den Planeten eingetragen. Wie kann man sich nun solche riesigen Strecken und Größenverhältnisse vorstellen? Dabei hilft uns ein Vergleich mit einem stark verkleinerten Maßstab. Man nimmt einen größeren Platz, zum Beispiel einen Schulhof, und denkt sich in dessen Mitte die Sonne von der Größe einer Kirsche. Zur Erinnerung: In Wirklichkeit hat die Sonne einen Durchmesser von über einer Million Kilometer. Die Erde, im Verhältnis nur noch ein Zehntel Millimeter groß, würde sich in etwa eineinhalb Meter Abstand von der Kirsche befinden. Sie würde in einem Abstand von 4 Millimetern vom Mond, im Verhältnis nur noch ein winzigstes Sandkörnchen, umkreist. Innerhalb der gedachten Erdbahn um die Sonnenkirsche wären Merkur und Venus ebenfalls nur mit einer starken Lupe als Staubkörnchen zu entdecken. Weiter außen würden zunächst Mars und in etwa fünf Meter Abstand von der Sonne Jupiter folgen. Dieser wäre als größter Planet von allen in unserem Vergleich immerhin etwas mehr als ein Millimeter groß. In zehn Meter Abstand von der Sonnenkirsche müßte Saturn stehen, noch weiter außen wären Uranus und Neptun anzusiedeln. Pluto, der äußerste Planet unseres Sonnensystems, müßte man sich in 60 Meter Abstand vom Zentrum als Staubflöckchen, noch winziger als die Erde, vorstellen.

Die riesigen Entfernungen unseres Sonnensystems sind auch noch durch einen anderen Vergleich zu verdeutlichen: Ein Fahrzeug, das 100 Kilometer in der Stunde zurücklegt, bräuchte ein halbes Jahr, um den Mond zu erreichen, für die Strecke zur Sonne benötigte es 200

Jahre. Den Planeten Pluto hätte dieses Fahrzeug erst in 8000 Jahren erreicht. Die beiden Planeten, die der Sonne näher stehen als die Erde, bewegen sich schneller um die Sonne und ihre Umlaufbahnen sind kürzer. In der Zeit, in der Merkur die Sonne mehr als viermal umrundet, schafft es die Erde nur einmal. Mehr als 248 Jahre dagegen benötigt Pluto für einen Sonnenumlauf. Er hat als äußerster Planet die längste Umlaufzeit und bewegt sich am langsamsten.

Jupiter,
D = 142 800 km, E = 778 Mill. km, U = 11 Jahre, 314 Tage

Saturn,
D = 120 000 km, E = 1 427 Mill. km, U = 29 Jahre, 167 Tage

Uranus,
D = 50 800 km, E = 2 870 Mill. km, U = 84 Jahre, 6 Tage

Pluto, oben links,
D = 2 700 km, E = 5 946 Mill. km, U = 248 Jahre

Neptun,
D = 49 000 km, E = 4 496 Mill. km, U = 164 Jahre, 288 Tage

Merkur, D = 4 900 km, E = 58 Mill. km, U = 88 Tage

Sonne, D = 1 392 000 km

Venus, D = 12 000 km, E = 108 Mill. km, U = 225 Tage

Erde, D = 12 800 km, E = 150 Mill. km, U = 365 Tage

Mars, D = 6 800 km, E = 228 Mill. km, U = 687 Tage

Gürtel der Kleinplaneten

Ist Pluto ein einziges Mal um die Sonne gelaufen, hat Merkur schon rund tausend Umläufe um das zentrale Gestirn unseres Planetensystems gemacht.

Johannes Kepler fand, wie auf Seite 55 beschrieben wurde, heraus, daß die Planeten sich auf ellipsenförmigen Bahnen bewegen. Doch nur einige wenige Planetenbahnen, wie die des Pluto, sind stark ausgeprägte Ellipsen. Die Umlaufbahnen der meisten Planeten sind eher der Kreisform ähnlich. Ein Teil der Plutobahn ragt in die Bahn des Neptun hinein. Es ist jedoch nicht mit einem Zusammenstoß zwischen Neptun und Pluto zu rechnen, denn die Bahn Plutos ist gegen die von Neptun etwas geneigt. Auch die Merkurbahn ist ein wenig gegen die Bahn seiner Nachbarplaneten geneigt. Im übrigen bewegen sich alle Planeten fast genau auf einer gemeinsamen Ebene um die Sonne, und zwar alle in dieselbe Richtung.

D = Durchmesser am Äquator
E = mittlere Entfernung von der Sonne
U = Umlaufzeit um die Sonne
(alle Werte abgerundet)

Gluthölle Merkur

Merkur ist der Planet, der unserer Sonne am nächsten steht. Er ist deshalb schwer zu beobachten. Nur dann, wenn er sich von der Erde aus gesehen genügend weit links oder rechts von der Sonne befindet, können wir ihn am Abend oder am Morgen beobachten. Dabei ist er meist nur kurze Zeit sichtbar. Kurz vor Sonnenaufgang und bald nach Sonnenuntergang muß man sich beeilen, um den Planeten gegen den hellen Dämmerungshimmel zu finden. Die Zeiten, zu denen Merkur gesehen werden kann, können aus astronomischen Kalendern entnommen werden.

Beobachtet man Merkur mit einem etwas besseren Fernrohr, zeigt sich nicht immer eine kreisrunde Scheibe. Wie der Mond hat der Merkur verschiedene Gestalten. Mal zeigt er sich nur halbbeleuchtet, mal als Sichel und mal als eine Art „Dreiviertelmond". Das liegt daran, daß alle

Ganz selten ziehen Merkur und Venus als kleine pechschwarze Scheibchen direkt an der Sonne vorüber. Durch ein gutes Fernrohr können neben den verschiedenen Phasen des Merkur einige wenige Flecken an seiner Oberfläche beobachtet werden.

Planeten ihr Licht ausschließlich von der Sonne erhalten und dieses zurückwerfen (vergleiche Seite 72). Sie haben je eine der Sonne zugewandte Tagseite und eine abgewandte Nachtseite. Da Merkur innerhalb der Erdbahn läuft,

wendet er der Erde häufig nur einen Teil seiner Tagseite zu, je nachdem, wie Erde und Merkur zueinander stehen. Ein Wechsel der Gestalten ist genauso bei der Venus zu beobachten, die ebenfalls innerhalb der Erdbahn um die Sonne läuft.

Merkur ist im Verhältnis zu den anderen ein kleiner Planet. Sein Durchmesser beträgt 4 892 Kilometer. Zweieinhalb Merkurkugeln nebeneinandergesetzt, würden ungefähr den Durchmesser der Erde ergeben. Frühere Astronomen konnten auf der kleinen Merkurscheibe nur mit Mühe einige dunkle Flecken wahrnehmen. Viel mehr konnte über den Planeten nicht herausgefunden werden. Erst seit in den Jahren 1974 und 1975 die amerikanische Raumsonde Mariner 10 dreimal an diesem Planeten vorbeiflog, wissen wir mehr über ihn. Die Aufnahmen zeigten eine Landschaft, die stark an die Mondoberfläche erinnert. Zahlreiche Krater, die von Einschlägen herrühren, sind typisch für den Merkur. Das

So bewegen sich die Planeten Merkur und Venus, von der Erde aus gesehen, um die Sonne. Das Schema zeigt, wie die verschiedenen Phasen dieser beiden Planeten zustande kommen.

Bild rechts: Die Kraterlandschaft des Merkur

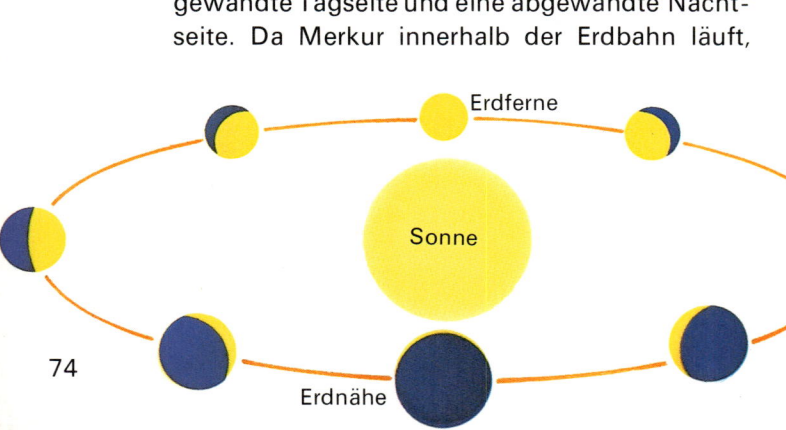

Erdferne

Sonne

Erdnähe

ist nicht ungewöhnlich. Wie in den folgenden Kapiteln noch beschrieben wird, sind viele Planeten und Satelliten unseres Sonnensystems von solchen Kraterlandschaften durchfurcht. Die Krater weisen darauf hin, daß bei der Entstehung dieses Systems vor etwa viereinhalb Milliarden Jahren sich unzählige kleine Körper in diesem Weltraum bewegten. Bei Zusammenstößen mit größeren Himmelskörpern hinterließen sie durch die Wucht des Aufpralls die Einschlagkrater.

Ähnlich wie der Mond ist auch Merkur trocken und tot. Er besitzt keinerlei Wasser an der Oberfläche und nur eine sehr dünne Lufthülle. Tagsüber fallen die Strahlen der nahen Sonne ungeschwächt auf die Gesteine des Merkur und erhitzen sie bis auf fast 450° Wärme. Auf der Nachtseite des Merkur herrscht dagegen eine Temperatur von etwa 170° Kälte. Es gibt keinen anderen Himmelskörper in unserem Sonnensystem, der eine so schroffe Temperaturschwankung zwischen Tag und Nacht zeigt. Ein Merkurtag dauert allerdings ziemlich lange. Der Planet dreht sich so langsam um die eigene Achse, daß 176 irdische Tage vergehen, bis die Sonne einmal am Merkurhimmel auf- und wieder untergegangen ist. Für die Bewohner der Erde ist es selbstverständlich, daß ein Jahr ein sehr viel größerer Zeitraum als ein Tag ist. Deshalb ist es verblüffend, daß das Merkurjahr, in dem der Planet einmal um die Sonne läuft, nur 88 irdische Tage dauert. Ein Sonnentag des Merkur ist also doppelt so lang wie ein Merkurjahr.

In seltenen Fällen ziehen die Planeten Merkur und Venus, von der Erde aus gesehen, direkt vor der Sonne vorbei, sie zeigen sich als kleine schwarze Scheiben. Venusdurchgänge können bereits durch einen mit einem Dämpfglas ausgerüsteten Feldstecher beobachtet werden. Venus wird erst wieder in den Jahren 2004 und 2012 vor der Sonne vorüberziehen. Merkurvorübergänge sind häufiger, und zwar am 13. November 1986, am 6. November 1993 und am 15. November 1999. Diese Ereignisse wird man jedoch nur mit einem Fernrohr beobachten können.

Wolkenverhangene Venus

Venus ist der hellste Planet. Er kann als Abendstern oder Morgenstern beobachtet werden und geht bis zu vier Stunden nach der Sonne unter oder bis zu vier Stunden vor der Sonne auf. Gelegentlich ist Venus so hell, daß sie mit bloßem Auge bei Tage gefunden werden kann. Vergleicht man die Größe der Venus, so ähnelt sie unserer Erde unter allen Planeten am meisten. Ihr Durchmesser beträgt 12 112 Kilometer.

Leider sind auch mit den besten Fernrohren auf der Venus keine Einzelheiten zu erkennen. Die Astronomen haben schon vor langer Zeit zu Recht vermutet, daß die Venus von einer geschlossenen Wolkendecke überzogen ist. Nicht ein einziges Wolkenloch gibt es, das den Blick auf die Oberfläche freigibt. Die einen vermuteten eine riesige Wüstenlandschaft, andere glaubten die Venus sei vollständig von einem Meer oder tropischen Urwäldern umgeben.

Wollten Menschen die Venus erforschen, so könnten sie nur in gewaltig gepanzerten Fahrzeugen den Druck an der Venusoberfläche aushalten.

Wie es auf der Venus wirklich aussieht, wurde erst nach und nach erforscht, seit verschiedene Raumsonden zur Venus geflogen sind. Sowjetische Sonden drangen in die Atmosphäre der Venus ein und landeten auf ihrer Oberfläche. Einige sendeten Bilder von Gesteinen am Venusboden zur Erde. Auch amerikanische Raumsonden erforschten Atmosphäre und Oberfläche der Venus. Die Forschungsergebnisse zeigten, daß die Venusatmosphäre viel mächtiger ist als die unserer Erde. Auf dem Venusboden ist der Luftdruck fast 100mal stärker als an der Erdoberfläche. Einen so gewaltigen Druck haben wir auf der Erde etwa 1 000 Meter unter der Meeresoberfläche. Kein Mensch könnte ohne Hilfsmittel einen solchen Druck aushalten. Taucher benutzen zum Beispiel beim Tiefseetauchen mächtige Stahlpanzer, um sich zu schützen. Künftige Raumfahrer könnten auf der Venusoberfläche nicht frei herumlaufen. Sie müßten mit Panzern den Planeten erforschen.

Extrem sind auch die Temperaturen an der Venusoberfläche. Es ist dort etwa 480 Grad

Amerikanische Mariner-Sonden schweben an der Venus vorüber.

Sowjetische und amerikanische Kapseln tauchten an Fallschirmen in die Atmosphäre der Venus ein und erforschten teilweise die Oberfläche dieses Planeten.

heiß, und zwar auf der ganzen Venuskugel, auf der Tagseite oder Nachtseite ebenso wie nahe dem Äquator der Venus oder am Nord- und Südpol des Planeten. Venus ist ein gewaltiges Treibhaus. Schuld daran hat ihre Atmosphäre, die im Gegensatz zur Erdatmosphäre reich an Kohlendioxid ist. Dieses Gas verhindert, daß die Wärmestrahlung der Sonne wieder hinausweichen kann, so daß die Wärme sich in Bodennähe staut und gleichmäßig verteilt. Neben Kohlendioxid sind in der Venusatmosphäre Sauerstoff und Stickstoff, die Hauptbestandteile der Erdatmosphäre, nur in kleinen Mengen vorhanden. In den Wolken der Venus hat man Schwefelsäuretröpfchen und Schwefelsäureregen festgestellt. Die Tröpfchen verdampfen jedoch, bevor sie die Oberfläche erreichen. Die

Wolkenhülle der Venus liegt in einer Höhe von etwa 40 bis 70 Kilometer über der Oberfläche — viel höher als die Wolken über der Erde.

Man ist jedoch dabei, mit Radargeräten von der Erde und Raumsonden aus die Venusoberfläche abzutasten. Bisher haben sich schon Gebirge, Krater und andere Oberflächeneinzelheiten gezeigt. Möglicherweise finden sich Ähnlichkeiten zwischen der Venus- und der Erdoberfläche. Allerdings gibt es keine Meere und Lebewesen.

Auch Venus dreht sich sehr langsam um ihre Achse. Ein Tag und eine Nacht dauern dort 117 irdische Tage. Außerdem dreht sich die Venus anders herum als die Erde. Die Sonne geht daher im Westen auf und im Osten unter.

Vulkane und Sandstürme auf dem Mars

Der Mars fand schon immer das besondere Interesse der Himmelsforscher. Vor 300 Jahren konnten mit einfachsten Fernrohren Einzelheiten auf der Oberfläche des Planeten erkannt werden. Im Jahre 1639 stellte der holländische Astronom Christiaan Huygens die erste Zeichnung von der Marsoberfläche her. Die erste Marskarte zeichnete vor über 100 Jahren der Engländer Richard Proctor. Die Namen, die er den einzelnen Marslandschaften gab, sind allerdings nicht mehr gebräuchlich. Die heutigen Bezeichnungen gehen auf den italienischen Astronomen Giovanni Virginio Schiaparelli zurück, der nach 1877 verbesserte Marskarten entwarf. Viele Namen für Marslandschaften, die von den modernen Marssonden fotografiert wurden, kamen in den letzten Jahren hinzu. Dabei wurden wie auf dem Mond viele Forscher „verewigt''.

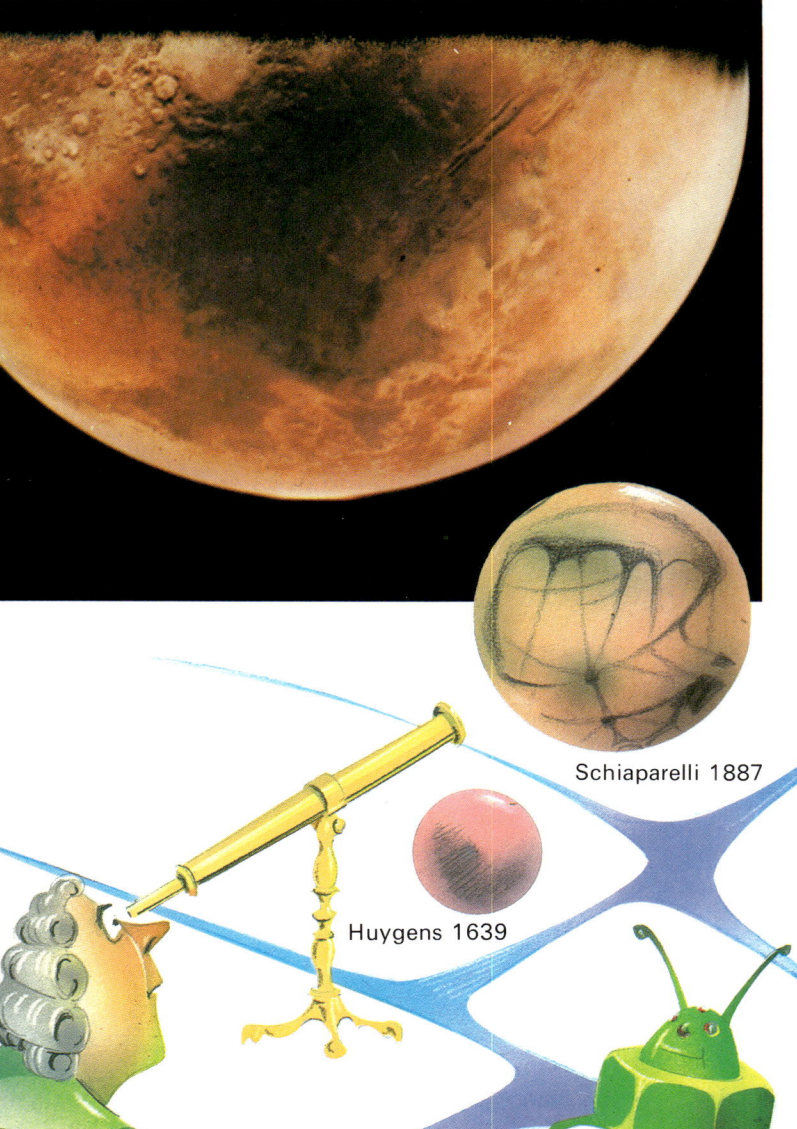

Schiaparelli 1887

Huygens 1639

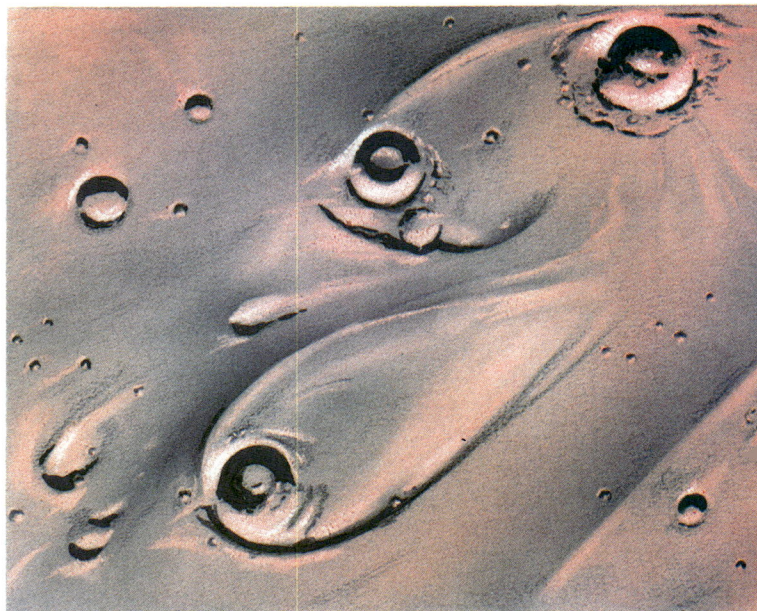

Das Jahr 1877 war entscheidend für die Erforschung des Mars. Damals kam der Mars bis auf etwa 56 Millionen Kilometer an die Erde heran. Ein solches Ereignis findet nur in Abständen von fünfzehn oder siebzehn Jahren statt. Schiaparelli sah mit seinem Fernrohr auf dem Mars gerade Linien, die er als „Kanäle'' bezeichnete. Viele Menschen glaubten damals, es handele sich um ein gewaltiges Kanalsystem, das von intelligenten Marsbewohnern zur Bewässerung ihrer trockenen Wüsten angelegt wurde.

Auf dem Mars entdeckte man erloschene Vulkane, Sanddünen, ehemalige Flußtäler und riesige Schluchten.

Inzwischen weiß man, daß diese Linien durch optische Täuschungen zustande kommen, und die Vermutungen, daß es auf dem Mars „grüne Männchen" oder andere Lebewesen gibt, sind eindeutig widerlegt. Der Mars erscheint für das bloße Auge in einer deutlich roten Farbe. Er ist von gewaltigen Sandwüsten überzogen. In den Polargebieten sieht man schon mit kleinen Fernrohren weiße Flecken. Es gibt auf dem Mars ganz ähnlich wie auf der Erde Jahreszeiten. Während des Marsfrühlings schmilzt die eine Polarkappe zusammen, während die andere auf der gegenüberliegenden Halbkugel im dortigen

Krater,
40 km Durchmesser

Höchste Marserhebung:
Olympus Mons, 24 km hoch

Höchste Erderhebung: Mount Everest, 8 km hoch

Herbst größer wird. Die Polarkappen bestehen sicher aus Schnee und Eis. Wahrscheinlich handelt es sich nicht nur um Wasserschnee, sondern auch um Kohlendioxidschnee, um „Trockeneis", wie man auch sagt.

Der Mars hat einen Durchmesser von 6 800 Kilometern und ist damit etwas mehr als halb so groß wie die Erde. Für den modernen Forscher zeigen sich an seiner Oberfläche erstaunliche Dinge. 1965 flog die erste Marssonde, Mariner 4, an diesem Planeten vorüber. In den nächsten

Jahren folgten weitere Sonden. Mariner 9 umkreiste in den Jahren 1971 und 1972 vielfach die Marskugel und konnte den gesamten Planeten fotografieren. Die brauchbarsten Ergebnisse erzielten in späteren Jahren die Viking-Sonden. Ein Teil dieser Sonden umflog 1976 ebenfalls den Mars, während ihre Landestufen langsam zum Marsboden herabflogen, an verschiedenen Stellen der Marsoberfläche in einer ‚weichen Landung' aufsetzten und dort zahlreiche Fotografien und Messungen machten.

Mit den Mariner-Sonden gelangen zahlreiche Aufnahmen vom Mars. Unser Bild zeigt Mariner 9 über der Marsoberfläche, oben fliegt der Marsmond Phobos an der Sonne vorbei.

Wie auf dem Mond und dem Merkur, gibt es auch auf dem Mars zahlreiche Einschlagkrater. Sie sind allerdings etwas stärker eingeebnet und verwittert als auf dem Mond. Kein Wunder: Mars hat eine Atmosphäre.

Die Marsatmosphäre ist aber bedeutend dünner als die der Erde. Der Luftdruck auf der Marsoberfläche ist nicht einmal ein Hundertstel so stark wie der auf der Erde. Hauptsächlich besteht die Marsluft aus Kohlendioxid mit kleinen Beimengungen von Stickstoff, Wasserdampf und Sauerstoff. Winde wirbeln häufig feine Sandteilchen vom Marsboden auf und verursachen regelrechte Sandstürme. Man kann sie als gelbe Flecken von der Erde aus beobachten. Sie trüben bestimmte Marslandschaften ein. Daneben gibt es aber auch weißliche Wolken, die wahrscheinlich aus Eiskristallen bestehen und unseren Federwölkchen ähneln. Die Temperaturen auf dem Mars sind niedriger und die Unterschiede zwischen Tag und Nacht sind ausgeprägter als auf der Erde. Der Planet Mars dreht sich fast genauso schnell um seine Achse wie der Planet Erde. Es vergehen etwas mehr als $24^{1}/_{2}$ Stunden für Tag und Nacht. Am Äquator des Mars herrschen mittags etwa 20 Grad Wärme. Nachts fallen die Temperaturen aber auf 80 Grad Kälte ab. In den Polargebieten kann es bis zu 130 Grad kalt sein.

Neben den vielen Einschlagkratern gibt es auf dem Mars auch mächtige Vulkane, die jedoch nicht mehr tätig sind. Sie sind bereits seit Millionen Jahren erloschen. Der größte Vulkan heißt Olympus Mons. Er kann von der Erde aus selbst mit einem guten Fernrohr nur als winziges Fleckchen gesehen werden. Die tatsächlichen Ausmaße dieses Vulkans konnten erst mit den modernen Raumsonden erkannt werden: Olympus Mons hat einen Durchmesser von 600 Kilometern. Der Berg erhebt sich 24 Kilometer über die Umgebung und trägt auf seinem Gipfel einen 40 Kilometer großen Krater. Olympus Mons ist, von seinem Fuß gemessen, fast dreimal höher als der höchste Berg der Erde, der Mount Everest.

Allerdings ist zu bedenken, daß sich auf der Erde alle Höhenangaben auf die Meeresoberfläche beziehen. Zum besseren Vergleich mit dem Mars kann man die Maße eines aus der Tiefe des Meeresbodens der Erde aufsteigenden Vulkans heranziehen. Der Vulkan Mauna Kea auf Hawaii, einer Inselgruppe im nördlichen Pazifik, ragt rund 12 000 Meter über den Meeresboden herauf. Aber auch im Vergleich hierzu ist der Olympus Mons auf Mars immer noch doppelt so hoch.

Ferner gibt es auf dem Mars gewaltige Schluchten und Canyons. Der größte liegt knapp südlich des Marsäquators und ist 5 000 Kilometer lang. Andere Landschaften ähneln ausgetrockneten Flußtälern. Wahrscheinlich hat der Mars früher einmal Wasser, Flüsse und Seen gehabt. Inzwischen scheint alles fast ausgetrocknet zu sein. Die beiden auf dem Mars gelandeten Viking-Sonden lieferten Fotos von

Steinwüsten. Als Landeplätze hatte man zunächst ebene Gebiete ausgewählt, damit die Sonden nicht an irgendwelchen Bergen oder Felsklötzen zerschellten. Zwei Wetterstationen an Bord der Viking-Sonden meldeten über Jahre hinweg Temperaturschwankungen und Luftdruckänderungen. Die Kameras fotografierten Reif und Frost, der im Winter die Oberfläche überzog, erfaßten Sonnenaufgänge und Sonnenuntergänge und zeigten tagsüber einen rosaroten Himmel. Dieser entsteht durch winzig

taufte sie Phobos und Deimos, zu deutsch „Furcht'' und „Schrecken'' – sehr treffende Namen für die Begleiter eines Planeten, unter dem man sich in alten Zeiten einmal einen Kriegsgott vorstellte. Beide Satelliten sind dem Mars sehr nahe. Phobos flitzt in etwa siebeneinhalb Stunden um den Planeten herum. Das geht schneller, als der Mars sich um seine eigene Achse dreht. Deswegen geht Phobos für einen Beobachter auf dem Mars im Westen auf und im Osten unter – im Gegensatz zu anderen Gestirnen, die im Osten

kleine rötliche Sandkörner, die aufgewirbelt werden. Auch nach kleinsten Lebewesen suchte man mit einem komplizierten Laboratorium. Man hoffte, irgendwelche winzige Lebewesen zu entdecken, die man nicht direkt fotografieren kann. Aber bislang zeigte sich nichts. Der Mars besitzt zwei winzige Satelliten, die in dem berühmten „Marsjahr'' 1877 von dem amerikanischen Astronomen Asaph Hall entdeckt wurden. Er

aufgehen und im Westen untergehen, wie wir es von unserer Erde her gewohnt sind. Der fernere Marssatellit Deimos benötigt über 30 Stunden für einen Umlauf.

Die beiden Satelliten sind recht klein. Phobos ist 22 Kilometer und Deimos nur 12 Kilometer lang. Die Raumsonden zeigen sie als unregelmäßige, fast kartoffelförmige Himmelskörper mit zahlreichen Meteoritenkratern.

Oben: der Mars mit seinen Kleinsatelliten Deimos (links) und dem kartoffelförmigen Phobos (rechts)

Liliputaner in unserem Sonnensystem

Viele werden das Märchen vom „kleinen Prinzen", das der französische Dichter Antoine de Saint-Exupéry geschrieben hat, kennen. Ungefähr wie in dieser Geschichte beschrieben, kann man sich einen Kleinstplaneten vorstellen: Zwar gibt es auf ihm in Wirklichkeit keine riesigen Bäume oder Vulkane, aber man könnte in wenigen Stunden einen solchen Himmelskörper zu Fuß umlaufen.

In der Nacht vom 31. Dezember 1800 auf den 1. Januar 1801 entdeckte der Mönch Giuseppe Piazzi in Palermo auf Sizilien den ersten Kleinplaneten. Die Astronomen hatten damals Mühe, ihn nicht wieder aus den Augen zu verlieren. Schließlich gelang es dem Mathematiker Carl Friedrich Gauß, die Umlaufbahn dieses kleinen Himmelskörpers, der den Namen Ceres erhielt, zu berechnen. In den folgenden Jahren wurden weitere Kleinplaneten entdeckt, die alle ihre Bahn zwischen den Planeten Mars und Jupiter um die Sonne ziehen.

1898 wurde aber erstmals der Kleinplanet Eros gesichtet, der die Marsbahn nach innen überquert und sich der Erdbahn bis auf 22 Millionen Kilometer nähert. Später wurden noch andere kleine Planeten entdeckt, die der Erde sehr nahe kommen können: etwa 1932 Apollo und 1936 Adonis. Der Planet Hermes flog 1937 sogar in einem Abstand von nur 600 000 Kilometern an unserer Erde vorüber. Ikarus, ein anderer solcher Winzling, kommt der Sonne auf rund 28 Millionen Kilometer nahe, viel näher als Merkur. Allerdings bewegt sich dieser Kleinplanet auf einer so langgestreckten Ellipse, daß er auf der anderen Seite seiner Bahn sich wieder im eigentlichen Gürtel der Kleinplaneten zwischen Mars und Jupiter befindet.

Heute sind etwa 2 200 Kleinplaneten mit ihren Bahnen genau bekannt. Wahrscheinlich wird es noch Tausende weiterer Körper geben, die so klein sind, daß man sie vorläufig nicht auffin-

den kann. Die größten Kleinplaneten haben einen Durchmesser von einigen hundert Kilometern. Die kleinsten dagegen sind nur etwa einen Kilometer groß.

Einige Kleinplaneten bewegen sich weiter außen in unserem Planetensystem. Zwei Gruppen laufen genau auf der Jupiterbahn um die Sonne. Sie heißen Trojaner, weil sie alle nach berühmten Helden des trojanischen Krieges, der zwischen den Griechen und den Einwohnern Trojas stattfand, benannt wurden. Die eine Gruppe bewegt sich ein Stück dem Planeten Jupiter voraus, die andere Gruppe zieht hinterher. Der Kleinplanet Hidalgo wandert bis fast an die Saturnbahn heran. Im Jahre 1977 fand der amerikanische Astronom Charles Kowal einen seltsamen Planeten, der größtenteils zwischen Saturn und Uranus um die Sonne läuft. Lediglich ein kleiner Teil seiner Bahn ragt noch in die Saturnbahn herein. Es gibt eine einfache Methode, einen

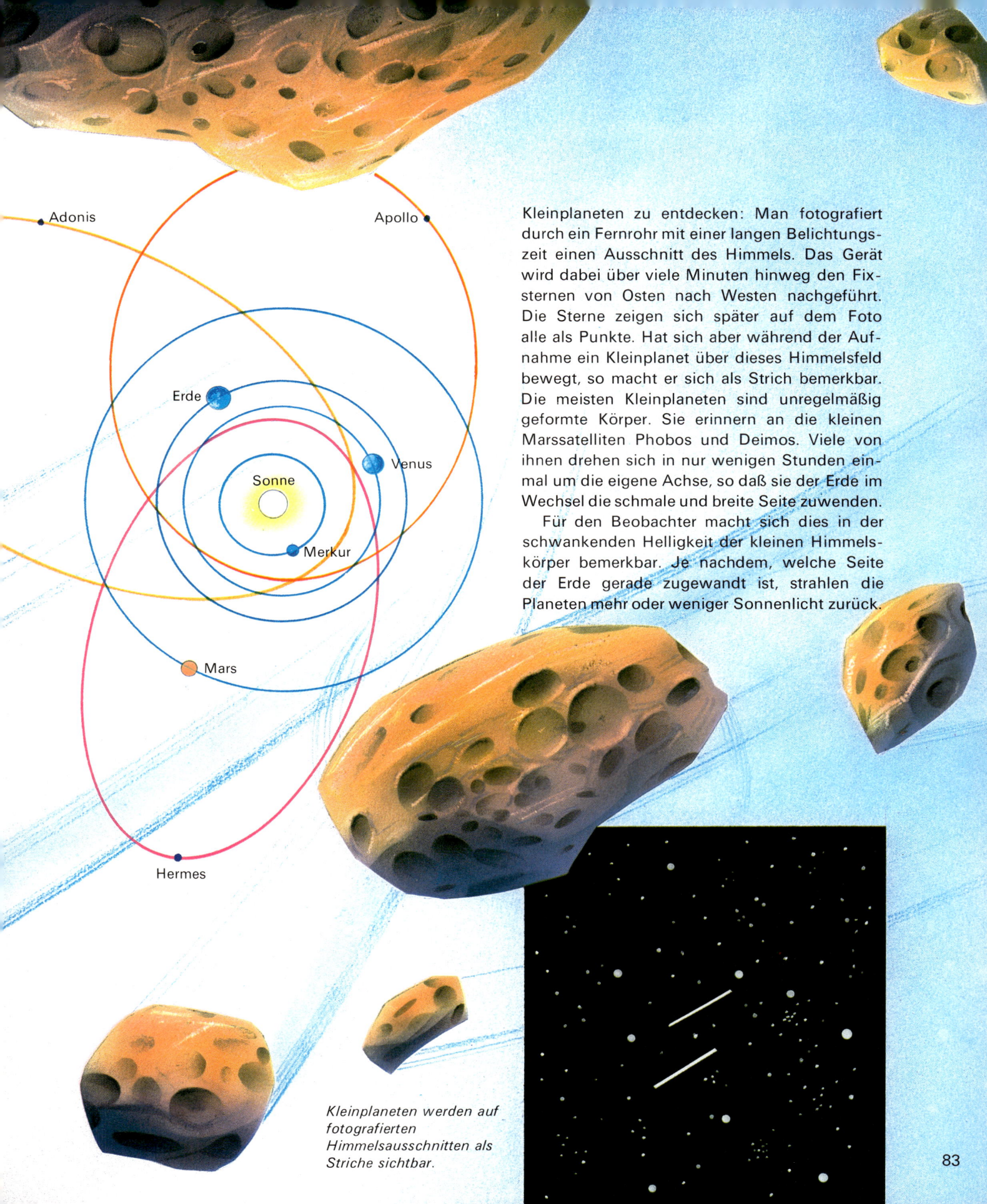

Adonis

Apollo

Erde

Venus

Sonne

Merkur

Mars

Hermes

Kleinplaneten zu entdecken: Man fotografiert durch ein Fernrohr mit einer langen Belichtungszeit einen Ausschnitt des Himmels. Das Gerät wird dabei über viele Minuten hinweg den Fixsternen von Osten nach Westen nachgeführt. Die Sterne zeigen sich später auf dem Foto alle als Punkte. Hat sich aber während der Aufnahme ein Kleinplanet über dieses Himmelsfeld bewegt, so macht er sich als Strich bemerkbar. Die meisten Kleinplaneten sind unregelmäßig geformte Körper. Sie erinnern an die kleinen Marssatelliten Phobos und Deimos. Viele von ihnen drehen sich in nur wenigen Stunden einmal um die eigene Achse, so daß sie der Erde im Wechsel die schmale und breite Seite zuwenden.

Für den Beobachter macht sich dies in der schwankenden Helligkeit der kleinen Himmelskörper bemerkbar. Je nachdem, welche Seite der Erde gerade zugewandt ist, strahlen die Planeten mehr oder weniger Sonnenlicht zurück.

Kleinplaneten werden auf fotografierten Himmelsausschnitten als Striche sichtbar.

83

Riesenplanet Jupiter

Der größte Planet in unserem Sonnensystem ist Jupiter. An seinem Äquator mißt er 143 000 Kilometer Durchmesser. Sieht man durch ein kleineres Fernrohr, sind meist bräunliche Streifen zu erkennen. Es handelt sich um gewaltige Wolken, die den Blick auf die Jupiteroberfläche versperren. Schon seit längerer Zeit haben Wissenschaftler herausgefunden, daß die „Luft", die den Jupiter umgibt, vor allem aus Wasserstoff, dem leichtesten Gas im Weltall, besteht. Hinzu kommen das Edelgas Helium und die Gase Ammoniak und Methan.

Mit größeren Fernrohren sind in den dunklen Bändern des Jupiters feinere Einzelheiten zu erkennen, die sich laufend verändern. Wie unser Foto zeigt, gibt es auf der Südhalbkugel einen großen ovalen Fleck. Er wird „Großer Roter Fleck" genannt. In der Länge dehnt er sich über 40 000 Kilometer aus. Zum Vergleich: diese Zahl entspricht ungefähr auch dem Umfang der Erde. Schon in etwas weniger als zehn Stunden dreht sich der Planetenkoloß einmal um die eigene Achse. Da durch die Rotation am Jupiteräquator eine gewaltige Fliehkraft auftritt, sind die Pole stark abgeplattet. Bei der Erde ist diese Abplattung nur ganz gering. Beim Jupiter fällt sie sofort auf, wenn man die Planetenscheibe durchs Fernrohr betrachtet.

Vor einigen Jahren sind die ersten Raumsonden zum Jupiter geflogen. Die schönsten Aufnahmen erzielten 1979 die beiden amerikanischen Jupitersonden Voyager 1 (unser Foto) und Voyager 2. Quirlende Wolken entdeckte man in der Atmosphäre des Jupiter. Der „Große Rote Fleck" entpuppte sich als ein gewaltiger Wirbelsturm. Erstaunlich ist, daß dieser Wirbelsturm schon seit Jahrhunderten anhält. Die Fernrohrbeobachter haben ihn schon vor 300 Jahren in ihre Jupiterzeichnungen eingetragen. Möglicherweise befindet sich unter diesem riesigen Wirbelsturm eine warme Stelle, die die Luftbewegung in Gang hält. Diese Vermutung konnte bisher allerdings noch nicht gesichert werden.

Die neuen Raumsonden entdeckten erstmals einen Ring, der den Jupiter umgibt. Er ist allerdings nicht so prächtig wie der Ring des Saturn (siehe Seite 88), der deutlich durchs Fernrohr zu erkennen ist. Der Jupiterring ist von der Erde aus nicht auszumachen. Am Rande der Jupiterwolken herrscht eine Temperatur von 140 Grad Kälte. Im Innern der Wolkenhülle wird es zunehmend heißer. Was verbirgt sich unter den Wolken? Der Jupiter ist anders aufgebaut als die Erde, der Mars oder die anderen Planeten, die wir bisher kennengelernt haben. Würde ein Raumfahrzeug tief in die Atmosphäre des Jupiter eintauchen, so würde der Luftdruck allmählich so ungeheuer stark werden, daß das Raumfahrzeug regelrecht zerquetscht werden müßte. Noch weiter unten ist der Druck so groß, daß die Gase, aus denen die Atmosphäre besteht, zu einer flüssigen Masse und weiter innen zu einem festen Körper zusammengepreßt werden. Erst im innersten Kern des Jupiter vermutet man Gesteine und Metalle. Eine feste Bodenoberfläche wie bei der Erde oder beim Mars ist auf Jupiter also nicht vorhanden. Das gilt auch für Saturn, Uranus und Neptun.

Jupiter besitzt unter allen Planeten unseres Sonnensystems das stärkste Magnetfeld. In ihm werden elektrische Teilchen, die von der Sonne weggeschleudert werden, eingefangen. Diese Teilchen erzeugen im Magnetfeld Radiowellen, die auf der Erde aufgefangen werden können. Auch bestimmte Gebiete auf Jupiter selbst senden Radiowellen aus, so zum Beispiel der „Große Rote Fleck". Diese Radiostrahlung könnte von elektrischen Entladungen, also Gewittern in der Jupiteratmosphäre, herrühren. Verschiedene Raumsonden haben auf der Nachtseite des Planeten seltsame Lichterscheinungen beobachtet. Möglicherweise handelt es sich um Blitze. Eine andere Erklärung wäre, daß es auf dem Jupiter ähnliche Erscheinungen wie die nächtlichen Polarlichter auf der Erde gibt.

Unser Foto, aufgenommen von Voyager I, zeigt den Riesen unter den Planeten; im Vordergrund einer der Jupitersatelliten, der gewaltige Mond Ganymed.

Ungleiche Geschwister – die Monde des Jupiter

Auf dem Jupitersatelliten Io toben heftige Vulkanausbrüche. Ganz nah steht der Riesenplanet Jupiter mit seinen Wolken und Wirbelstürmen. Der Ring, der ihn umgibt, erscheint als schmale dunkle Linie. Ein anderer Satellit wirft seinen dunklen Schatten auf den Jupiter, ein weiterer ragt hinter ihm hervor.

Die vier größten Jupitersatelliten gehören zu den ersten Entdeckungen mit dem Fernrohr, die der italienische Astronom Galileo Galilei im Jahre 1610 machte. Die Professoren der Universität Florenz glaubten aber Galilei nicht, daß es Himmelskörper gibt, die um einen anderen Planeten kreisen. Aus Angst, ihr Glauben könnte zerstört werden, verweigerten sie den Blick durch das „Teufelsrohr". Als einige Zeit später einer dieser Professoren starb, soll Galilei im Scherz gesagt haben: „Hoffentlich hat er die Monde wenigstens bei seinem Flug in den Himmel gesehen!"

Die von Galilei entdeckten Jupitermonde können wir schon mit einem guten Fernglas beobachten. Sie laufen so schnell um Jupiter, daß ihre Bewegungen schon bei Beobachtungen in Abständen von wenigen Stunden gut verfolgt werden können. Manchmal sehen wir auch nur drei oder weniger Satelliten. Dann wird der Rest durch Jupiter verdeckt, befindet sich im Schatten des Planeten oder wandert gerade vor der Jupiterscheibe vorbei.

Mit Raumsonden hat man erforscht, daß die vier „Geschwister", die *Io*, *Europa*, *Ganymed* und *Kallisto* heißen, ganz verschieden sind. Die Bilder vom Satelliten *Io* zeigten eine wild bewegte Vulkanlandschaft. Riesige Vulkanausbrüche tobten, als 1979 die beiden amerikanischen Raumsonden Voyager 1 und Voyager 2 vorüberflogen. Bis in eine Höhe von 200 Kilometern wurden feste Brocken und Gase geschleudert. Wir kennen heute nirgendwo im Weltall einen vulkanisch so tätigen Himmelskörper wie den *Io*. Der Jupitermond *Europa* dagegen ist von einem gewaltigen Eispanzer überzogen, in dem man viele Risse beobachten kann. *Ganymed* zeigt ebenfalls Eisschichten, sowie zahlreiche von Meteoriten stammende Krater. *Kallisto* schließlich ist fast vollständig mit solchen Einschlagkratern übersät.

Auf einer inneren Bahn umkreist der kleine, nicht ganz kugelförmige Mond *Amalthea* den Planeten Jupiter. Außen bewegen sich mehrere sehr kleine Satelliten. Einige haben nur einen Durchmesser zwischen fünf und zehn Kilometern. Es sind bisher neun Himmelskörper, die man im äußeren Bereich des Jupiter entdeckt hat; einer davon wird allerdings nur vermutet und ist noch nicht sicher. Acht haben bereits einen Namen erhalten, es sind: *Himalia*, *Elara*, *Pasiphae*, *Sinope*, *Lysithea*, *Carme*, *Ananke* und *Leda*. Ihre langgestreckten elliptischen Bahnen neigen sich stark gegen die Bahnen der vier großen „Galileischen Monde". Manche der kleinen Satelliten bewegen sich in Gegenrichtung zu den großen, die in der gleichen Richtung laufen, in der sich auch Jupiter um seine eigene Achse dreht. Wahrscheinlich handelt es sich

bei den äußeren Satelliten um Kleinplaneten, die durch die Anziehungskraft des Jupiter eingefangen wurden. Die Voyager-Sonden haben ein oder zwei Satelliten ganz innen, noch innerhalb der Bahn von *Amalthea*, ausgemacht. Wenn sich die Existenz dieser Satelliten endgültig beweisen läßt, dann kennen wir bereits fünfzehn oder sechzehn Jupitermonde. Möglicherweise werden in den nächsten Jahren weitere den Jupiter umlaufende Himmelskörper entdeckt.

Die äußeren Jupitersatelliten befinden sich bereits in einer so großen Entfernung von ihrem „Heimatplaneten", daß dort die Anziehungskraft

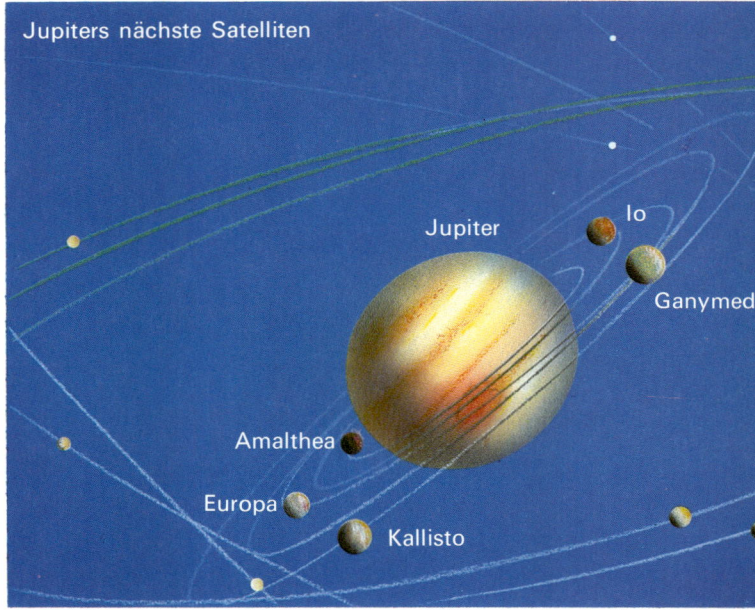

Jupiters nächste Satelliten

des Jupiter kaum größer ist als die der Sonne. So ist beispielsweise der Jupitermond *Sinope* 24 Millionen Kilometer von Jupiter entfernt. Er benötigt zwei Erdenjahre und neun Tage, um einmal Jupiter zu umlaufen. In dieser riesigen Entfernung werden die Satelliten stark durch die Sonne gestört. Ihre Bahnen ändern sich dauernd. So kam es in den vergangenen Jahren wiederholt vor, daß die Astronomen den einen oder anderen Satelliten des Jupiter aus den Augen verloren.

Saturn, der geheimnisvolle Ringplanet

Schon Galilei entdeckte in der Nachbarschaft von Saturn merkwürdige Lichtflecken, die sich aber nicht zu bewegen schienen. Es konnte sich daher nicht um Satelliten des Saturns handeln. Jahrelang rätselten die Astronomen über diese merkwürdigen Erscheinungen. Die Lichtflecken veränderten sich im Laufe der Zeit ein wenig. Der holländische Astronom Christiaan Huygens löste 1655 schließlich das Rätsel: Saturn wird von einem ebenen Ring umgeben, der an keiner Stelle mit der Saturnkugel verbunden ist. Gelegentlich schauen wir auf die Kante des Ringes, dann verschwindet er fast. Häufig blicken wir aber mehr oder weniger schräg von oben oder unten auf den Saturnring. Dann zeigt er sich deutlich.

Schon der italienische Himmelsforscher Cassini, der lange Zeit in Paris verbrachte, sah im Jahr 1676 eine dunkle Linie, die einen äußeren Ring von einem inneren Ring trennt. Auf den Fotos der Raumsonden können wir heute ein ganzes Ringsystem erkennen. Tausende von Ringen sind in einer Ebene wie Rillen einer Schallplatte angeordnet. Diese neuentdeckten Ringe können von der Erde aus mit dem Fernrohr nicht gesehen werden. Der von uns aus beobachtbare Ring hat aber allein schon einen Durchmesser von 278 000 Kilometern.

Die Ringe bestehen aus vielen einzelnen Teilchen, meistens Eiskörnern, die in einem gewaltigen Schwarm den Saturn umfliegen. Man könnte sie sich als winzige Zwergmonde vorstellen. Diese Eiskörner strahlen das Sonnenlicht besonders gut zurück. Deswegen erscheint der Saturnring für uns so hell. Im inneren Teil des Ringes sind ganz kleine Körper vorhanden. Außen gibt es auch größere Brocken, die schon einige Zentimeter oder Meter Durchmesser haben. Vielleicht gibt es dort aber auch noch größere Körper, die man schon als Satelliten bezeichnen könnte. Die neueren Fernrohrbeobachtungen und Raumsonden haben Hinweise dafür gegeben, daß in diesem Bereich einige kleinere Satelliten sein müssen. Es wird in Zukunft gar nicht leicht fallen, zwischen größeren Ringteilchen und echten Satelliten zu unterscheiden. Eine genaue Zahl der Satelliten des Saturns ist deswegen heute noch nicht bekannt. Bis zum Sommer 1981 waren es immerhin schon fünfzehn echte Trabanten – natürlich ohne die Ringteilchen! Der größte Saturnsatellit ist Titan, der mit einem Durchmesser von 5 000 Kilometern sogar deutlich den Mond unserer Erde übertrifft. Er benötigt sechzehn Tage, um einmal den Saturn zu umlaufen. Er verfügt als einziger Satellit des ganzen Planetensystems über eine Atmosphäre. Ganz innen, nicht allzuweit vom Ring entfernt, kreisen einige zunächst noch nicht mit Namen versehene Satelliten. Dann folgen Mimas, Enceladus, Thetys, Dione, Rhea, Titan, Hyperion, Japetus und Phoebe. Sie haben kreisähnliche Bahnen und bewegen sich in der Äquatorebene des Saturns. Phoebe bewegt sich rückläufig, also in entgegengesetzter Richtung der übrigen Bahnen.

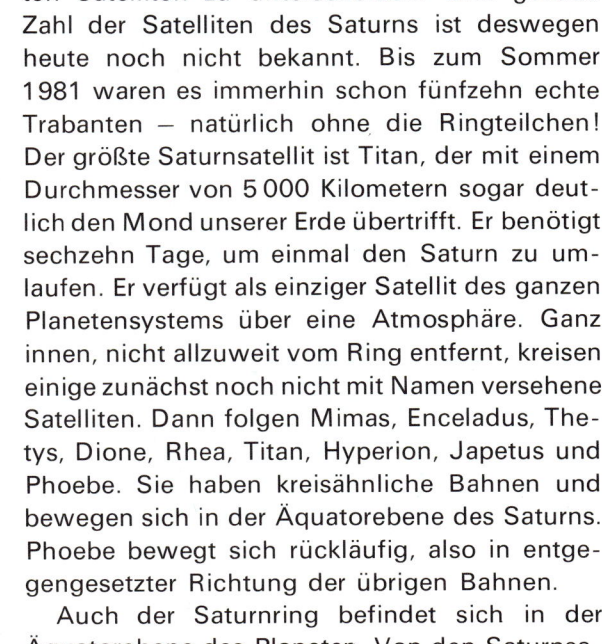

Auch der Saturnring befindet sich in der Äquatorebene des Planeten. Von den Saturnsatelliten aus betrachtet, würde der Ring nur als eine dünne Linie erscheinen, die quer über den Saturn verläuft. Nur die Kante des Ringes wäre aus dieser Perspektive sichtbar. Wie der Saturnring entstanden ist, haben die Wissenschaftler noch nicht genau erforschen können. Möglicherweise handelt es sich um einen zerstörten Satelliten des Saturn, der dem Planeten zu nahe gekommen ist.

Saturn selbst ist der zweitgrößte Planet in unserem Sonnensystem. Am Äquator hat er einen Durchmesser von 120 000 Kilometern. Ähnlich wie der Jupiter dreht er sich sehr schnell um seine eigene Achse, am Äquator in zehn Stunden und vierzehn Minuten. Da durch die Rotation eine ungeheure Fliehkraft entsteht, ist der Saturn stark abgeplattet. Sein Poldurchmesser ist 10 000 Kilometer kürzer als der des Äquators. Saturn zeigt unter allen Planeten die stärkste Abplattung. Während wir den Saturnring bereits mit einem kleinen Fernrohr erkennen können, sind die Wolkenbänder auf dem Planeten nur durch etwas größere Fernrohre sichtbar.

An den Grenzen unseres Planetensystems

Am 13. März 1781 bemerkte Wilhelm Herschel, ein ehemaliger Militärmusiker aus Hannover, der nach England ausgewandert war, mit seinem Fernrohr ein neblig erscheinendes Objekt. Er hielt es zunächst für einen Kometen und verfolgte dessen Bewegung in den nächsten Tagen weiter. Schließlich stellte sich heraus, daß er zum ersten Mal in der Geschichte der Himmelskunde einen neuen Planeten entdeckt hatte. Zu Ehren König Georgs III. nannte er ihn ‚Georgs-

Uranus ist so hell, daß er in einer sehr klaren Nacht gerade noch mit bloßem Auge gesehen werden könnte. In der Regel werden wir ihn aber mit einem Feldstecher oder einem kleinen Fernrohr aufsuchen müssen. Sein Scheibchen ist winzig klein und zeigt eine blaugrüne Farbe. Insgesamt fünf Satelliten konnten um Uranus entdeckt werden. Wilhelm Herschel selbst sah bereits die beiden Monde Titania und Oberon. Später wurden noch Ariel, Umbriel

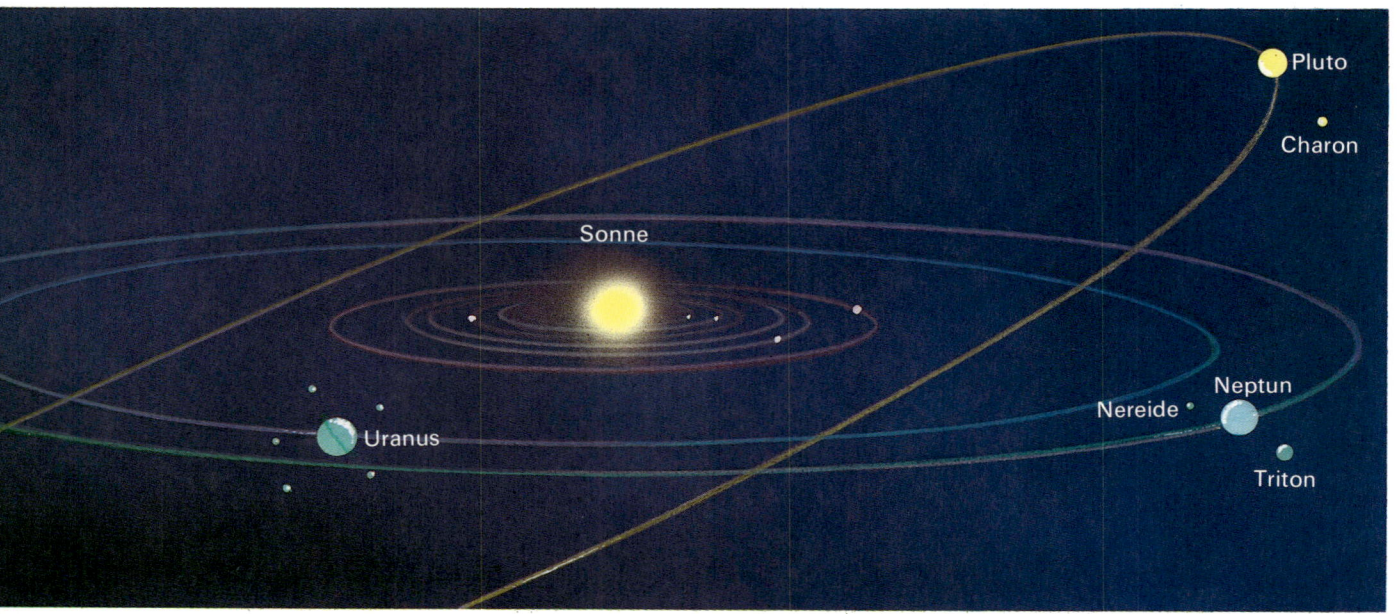

Planet'. Diese Entdeckung machte Wilhelm Herschel berühmt, und er konnte seinen ehemaligen Beruf an den Nagel hängen. Der englische König setzte ihm ein jährliches Gehalt aus. Fortan durfte sich Herschel seiner Liebhaberei, den Sternen, widmen und wurde einer der berühmtesten Astronomen seiner Zeit. Die Bezeichnung ‚Georgs-Planet' setzte sich aber nicht durch. Schon lange wird dieser Planet ‚Uranus' genannt.

Er bewegt sich außerhalb der Saturnbahn und hat einen Durchmesser von 50 800 Kilometern.

und Miranda gefunden. Alle diese Satelliten haben einen Durchmesser zwischen 300 und 1 000 Kilometern. 1977 wurde ein Ring des Uranus entdeckt. Wir können ihn allerdings im Fernrohr nicht direkt sehen.

In den Jahrzehnten nach der Entdeckung des Uranus waren die Astronomen darum bemüht, die Bahn dieses neuentdeckten Planeten genau festzulegen. Zu ihrer Überraschung stellten sie fest, daß sich Uranus aber nicht so genau den Vorausberechnungen fügen wollte. Obwohl die

Astronomen sorgfältig auch die Störungen der verschiedenen Planeten berücksichtigen – Uranus zog eine etwas andere Bahn. Da setzte sich der französische Astronom Urbain Leverrier an den Schreibtisch und versuchte die Bahn eines weiteren Störenfrieds zu berechnen, der vielleicht für die Unregelmäßigkeiten in der Wanderschaft von Uranus verantwortlich sein könnte. Er sandte seine Berechnungen an den Berliner Kollegen Johann Gottfried Galle. Noch am selben Abend, an dem der Brief in Berlin eintraf, am 23. September 1846, wurde der vermutete Planet tatsächlich gefunden: Neptun. Er war nur etwa eineinhalb Vollmondscheiben vom vorausberechneten Ort entfernt!

Neptun mißt im Durchmesser 49 000 Kilometer und besitzt zwei Satelliten. Der größere heißt Triton und hat immerhin 4 000 Kilometer Durchmesser. Er ist noch etwas größer als der Erdmond. Der zweite Neptunsatellit Nereide, mit einem Durchmesser von 300 Kilometern, bewegt sich auf einer sehr langgestreckten Ellipsenbahn.

Im Jahre 1930 wurde schließlich von dem amerikanischen Astronomen Claude Tombaugh der am weitesten entfernte Planet unseres Sonnensystems, Pluto, gefunden. Tombaugh fand den Planeten auf Aufnahmen, die von einem Bergobservatorium in Arizona (Nordamerika) aus gemacht wurden. Lange Zeit war unklar, wie groß Pluto ist. Heute wissen wir, daß sein Durchmesser nur etwa 2 700 Kilometer beträgt. Auf der Plutooberfläche herrscht eine Temperatur von 230 Grad Kälte. Pluto wird von einem ebenfalls eisigen Satelliten umkreist, der immerhin etwa 800 Kilometer Durchmesser besitzt. Er heißt Charon. Unser rechtes Bild zeigt, wie man den Planeten Pluto von seinem Satelliten Charon aus sehen würde. Wir können uns diesen Anblick natürlich nur vorstellen.

Pluto überkreuzt mit seiner Umlaufbahn sogar noch ein wenig die Neptunbahn. Aber keine Sorge: Zu Zusammenstößen zwischen diesen beiden Planeten wird es nach Erkenntnissen der Himmelsforscher nie kommen.

Steine, die vom Himmel fallen

Sicher hat jeder von euch schon einmal eine Sternschnuppe gesehen. Falls nicht, so solltet ihr einmal an einem schönen, warmen Sommerabend den Himmel beobachten. Besonders in der Zeit zwischen dem 10. und 13. August sind viele Sternschnuppen zu sehen. Es sind die Perseiden – Reste eines berühmten Kometen, der sich in 120 Jahren einmal um unsere Sonne bewegt. Über die Kometen werden wir später noch berichten (siehe Seite 96). Sternschnuppen sind winzig kleine Körnchen, nur einige Millimeter groß, die mit riesiger Geschwindigkeit in die Lufthülle unserer Erde sausen und dabei Lichtblitze erzeugen. Die Astronomen sprechen auch von Meteoren. Meist leuchten die Sternschnuppen in einer Höhe von 100 bis 300 Kilometern über dem Erdboden auf.

Schade, daß man den Sternhimmel meist nur am Abend beobachtet. Gegen Morgen sind zwei- oder dreimal so viele Sternschnuppen wie in den Abendstunden zu sehen. Das ist verständlich, wenn ihr euch einmal eine Autofahrt durch ein Schneegestöber vorstellt. Die meisten Schneeflocken treffen die Windschutzscheibe des Wagens. Die Heckscheibe werden nur wenige Flocken erreichen. Das Auto wäre mit der Erde vergleichbar, die sich auf ihrer Bahn um die Sonne mit einer Geschwindigkeit von 30 Kilometern in der Sekunde vorwärtsbewegt. In den Abendstunden befinden wir uns auf der Rückseite unserer um die Sonne laufenden Erde, sozusagen ‚auf der Heckscheibe‘, in den Morgenstunden dagegen auf der Vorderseite der Erde, also ‚auf der Windschutzscheibe‘ des Wagens.

Es gibt eine Reihe von Sternschnuppenschwärmen oder Meteorströmen, die zu bestimmten Zeiten des Jahres auftreten. Im August durchquert die Erde einen Strom kleiner Teilchen, der eine Breite von 60 Millionen Kilometern hat. Es sind die schon erwähnten Perseiden.

Sie heißen Perseiden, weil diese Sternschnuppen scheinbar aus dem Sternbild Perseus herausfliegen. Verlängern wir die Flugbahn der Perseiden rückwärts, dann erreichen wir immer den gleichen Punkt im Perseus.

Auch dies können wir uns am Beispiel einer Autofahrt klarmachen. Dabei stellen wir uns eine Fahrt in der Nacht vor. Die Autoscheinwerfer beleuchten die einzelnen Schneeflocken, so daß wir ihre Flugbahnen gut beobachten können. Diese Flocken scheinen von einem Punkt aus wegzufliegen, der etwas oberhalb der Straßenoberfläche liegt. Es sieht so aus, als ob die

können wir manchmal bis zu 60 Sternschnuppen in der Stunde sehen. Etwa 10 bis 20 Sternschnuppen pro Stunde zeigen die Geminiden, die aus dem Sternbild Zwillinge (lateinisch: Gemini) um den 12. Dezember herum auszuströmen scheinen.

Einige Sternschnuppenschwärme sind nur zeitweise etwas auffälliger. Dazu gehören die Leoniden, deren Ausstrahlungspunkt im Sternbild Löwe (lateinisch: Leo) liegt. Sie sind in der Zeit um den 17. November sichtbar. In den Jahren 1799, 1833, 1866 und 1966 führten sie zu gewaltigen Sternschnuppenschauern.

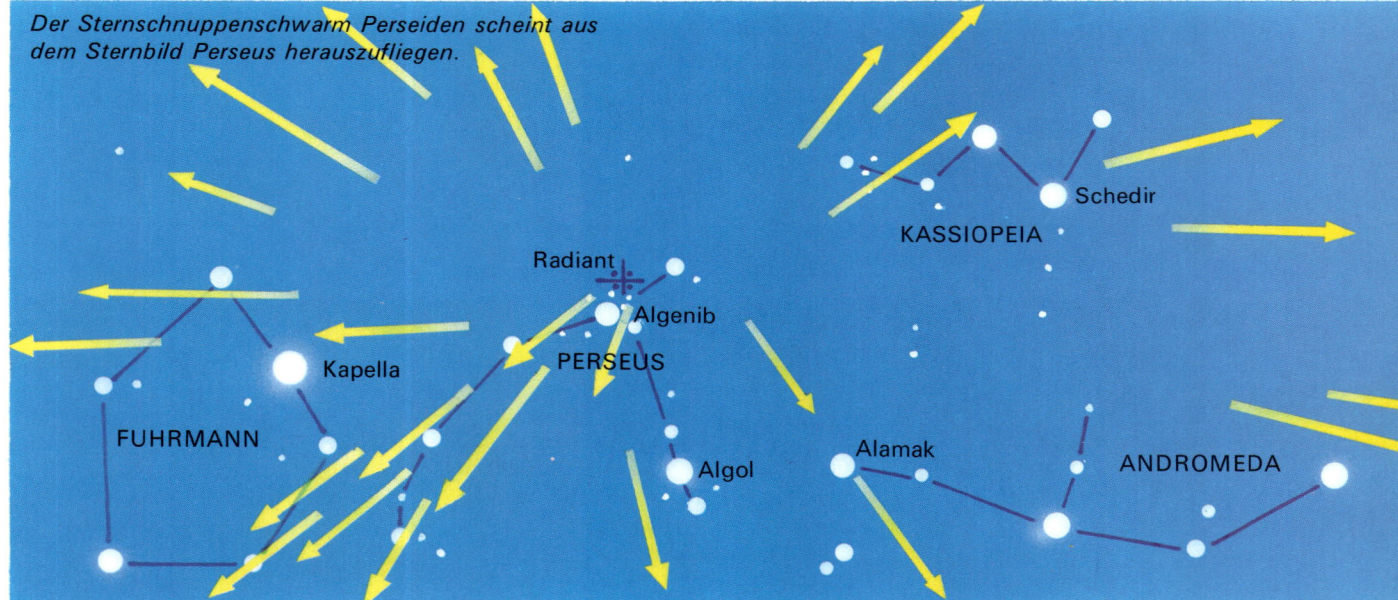

Der Sternschnuppenschwarm Perseiden scheint aus dem Sternbild Perseus herauszufliegen.

Schneeflocken um so flacher auf uns zufliegen, je schneller unser Auto fährt. Wenn das Auto steht, sieht man natürlich die Schneeflocken senkrecht von oben nach unten fallen; vorausgesetzt, daß Windstille herrscht.

Die Perseiden entspringen dem Kometen mit dem Namen Swift-Tuttle, der im Jahre 1862 den inneren Teil unseres Planetensystems durchstreifte. Es gibt noch viele andere Sternschnuppenschwärme. Die meisten sind allerdings nicht so auffällig wie die Perseiden. Bei den Perseiden

Man schätzte, daß 1966 etwa 3 000 Sternschnuppen pro Minute auftraten.

Manchmal tauchen Sternschnuppenschwärme auch ganz unerwartet auf. Es kann sein, daß ein Strom von kleinen Staubteilchen, der um die Sonne zieht, erstmals von der Erde durchquert wird. Am Abend des 9. Oktober 1933 waren plötzlich 350 Sternschnuppen in der Minute sichtbar. Die Erde hatte auf ihrer Umlaufbahn die Bahn der Drakoniden gekreuzt – Reste des Kometen Giacobini-Zinner.

Gewaltige Meteoritenkrater

Gelegentlich können Brocken aus dem Weltall, die mit der Erdatmosphäre zusammenstoßen, so riesig sein, daß sie die Lufthülle durchqueren und auf die Erdoberfläche fallen. Diese Teile, die die Forscher dann untersuchen, nennen wir Meteoriten. Viele bestehen aus Stein, andere aus Eisen und Nickel. Der schwerste Meteorit, der jemals in Deutschland gefunden wurde, wog 60 Kilogramm. Er ging am 3. April 1916 in der Nähe des kleinen hessischen Städtchens Treysa nieder. Der schwerste Meteorit auf der Erde, der noch in einem ganzen Stück erhalten ist, liegt auf der Hobafarm in Südwestafrika. Er wiegt 60 Tonnen.

Ganz große Meteoriten erzeugen Krater auf der Erdoberfläche. Schon seit vielen Jahrzehnten ist ein Krater in Arizona in Nordamerika bekannt. Er hat einen Durchmesser von 1 300 Metern und eine Tiefe von 174 Metern. Dieser Absturz eines riesigen Meteoriten fand schon vor mehreren tausend Jahren statt.

Noch älter ist das „Ries'' in der Umgebung der Stadt Nördlingen in Süddeutschland. Es hat einen Durchmesser von 25 Kilometern. Dieser Meteoritenkrater ist schon über 14 Millionen Jahre alt und bereits so stark verwittert, daß man ihn nur noch sehr schwer als Krater erkennen kann. Es muß ein riesiger Körper — vergleichbar mit einem Kleinplaneten — gewesen sein, der damals mit der Erde zusammengestoßen ist. Vor 14 Millionen Jahren gab es aber noch keine Menschen auf der Erde.

Gerade in den letzten Jahren hat man mit Flugzeugen und Satelliten sehr viele alte, runde Kraterformen auf der Erde entdeckt, die möglicherweise Meteoritenkrater sind. Dazu gehören einige Krater in Kanada, die bis zu 50 Kilometer Durchmesser haben. Sie können 500 Millionen Jahre alt sein. Noch ältere Krater sind in der Zwischenzeit so verwittert, daß man sie heute nicht mehr ausfindig machen kann. Trotzdem

Dieser Meteoritenkrater in Arizona hat einen Durchmesser von 1 300 Metern.

weiß man, daß unsere Erde in der Frühzeit ihrer Geschichte vor 4 Milliarden Jahren von ähnlich vielen Meteoriten getroffen worden sein muß wie zum Beispiel unser Mond.

Ein besonders geheimnisvoller Meteoritenfall ereignete sich am 30. Juni 1908 in Sibirien. Die Reisenden der transsibirischen Eisenbahn zwischen Moskau und Wladiwostok sahen damals einen gewaltigen Feuerball am Himmel dahinziehen. Kurz darauf hörte man einen ungeheuren, explosionsartigen Donnerknall. In einem Gehöft, das 66 Kilometer vom Niedergangsort des Meteoriten entfernt lag, flogen noch die Türen und Fensterscheiben ein. Ein riesiges

Im Jahr 1908 traf der Kern eines kleinen Kometen die Erde. Er verwüstete ein riesiges Waldstück in Sibirien.

Waldstück wurde vollständig zerstört. Erst 1927 drang eine Expedition in dieses Gebiet vor. Seltsamerweise fand man keinen Krater und auch keine Meteoritenbruchstücke. Heute glaubt man, daß damals unsere Erde von dem Kern eines kleinen Kometen getroffen wurde, der aus Staub und Eisteilchen bestand. Dieses ganze „Paket" verdampfte bei dem raschen Durchgang durch unsere Lufthülle und konnte nur noch eine gewaltige Luftdruckwelle erzeugen, die solche Zerstörungen hervorrief. Man fand aber winzige mit dem Mikroskop sichtbare Meteoritenteilchen.

Ein anderer Meteoritenfall ereignete sich am 12. Februar 1947 in Ostsibirien zwischen Wladiwostok und Chabarowsk. Dort wurden 200 einzelne Krater mit einem Durchmesser zwischen 9 und 26 Metern gefunden. Wahrscheinlich wog der Meteorit vor dem Eindringen in unsere Lufthülle 70 Tonnen. Nachträglich konnte man berechnen, daß dieser kleine Himmelskörper vorher eine Bahn um unsere Sonne zog, die der eines Kleinplaneten ganz ähnlich war. Schließlich könnte man Meteoriten auch als ‚kleinste Kleinplaneten' bezeichnen.

Kometen – seltsame Wanderer im All

„Schau die Wunderfackelkerze!
Sündensicheres Menschenherze!
Ach bedenke, ach erkenne,
wie sie an dem Himmel brenne,
Und um deiner Bosheit wegen
Dir zur Strafe eilt entgegen.
Setzet doch mit Buß zusammen,
löschet diese Zornesflammen,
daß o deutsche Landeserde,
Gottes Grimm gemildert werde,
Der uns dräuet mit Kometen;
Buß und Betens ist von Nöten."

es auf der Erde vorkommt, sondern auch gefrorenes Ammoniak, Methan, Kohlendioxid und andere Stoffe. Ist ein solcher „schmutziger Schneeball" von der Sonne weit entfernt, vielleicht jenseits der Bahn unseres äußersten Planeten Pluto, dann bleibt er unverändert in seiner Form. Bewegt er sich aber in das Innere unseres Planetensystems, so wird er durch die Sonnenstrahlen allmählich erwärmt. Die Eisteilchen verdampfen und bilden eine gasförmige Hülle um den Kometenkern. Während der Kern meist nur 10 bis 100 Kilometer groß ist, hat diese Hülle einen Durchmesser von 10 000 bis 100 000 Kilometern und ist mit der Größe eines Planeten vergleichbar. Aber sie besteht nur aus hauchdünnen Ga-

Leonidenschwarm

Komet Encke

Sonne

Saturn

Neptun

Uranus

Halley'scher Komet

Komet Olbers

So konnte man auf einem Flugblatt lesen, das im Jahre 1680 beim Auftauchen eines Kometen verbreitet wurde. Aber von den Kometen droht eigentlich keine Gefahr – es sei denn, der Kern eines Kometen würde mit unserer Erde zusammenstoßen. Himmelsforscher haben den Kern eines Kometen mit einem „schmutzigen Schneeball" verglichen. Er besteht nur aus festen Staub- und Eisteilchen. Wir dürfen uns darunter nicht nur Wasserschnee oder Wassereis vorstellen, wie

Der Halley'sche Komet, dessen Schweif im Jahr 1910 die Erde berührte, wurde schon im Jahr 1066 auf einem berühmten Wandteppich in Bayeux (Nordfrankreich) dargestellt.

sen. Wenn ein Kometenkopf tatsächlich einmal auf die Lufthülle der Erde trifft, wäre höchstens ein Sternschnuppenschwarm zu bemerken.

Auch der Schweif eines Kometen besteht nur aus sehr dünnen Gasen. Er entsteht erst, wenn ein Komet im innersten Bereich unseres Sonnensystems, mindestens innerhalb der Marsbahn ist. Für die Entstehung der Kometenschweife sind vor allem von der Sonne ausgeschleuderte Teilchen, der Sonnenwind, verantwortlich. Stets ist ein Kometenschweif von der Sonne abgekehrt. Ein solcher Kometenschweif kann über 100 Millionen Kilometer lang werden. Im Jahre 1910 kreuzte die Bahn der Erde den Schweif des berühmten Halley'schen Kometen. Aber dieser „Zusammenstoß" war auf der Erde nicht wahrzunehmen. Der Halley'sche Komet bewegt sich in 76 Jahren einmal um unsere Sonne.

Im Jahre 1986 wird er abermals in Sonnen- und Erdnähe kommen und von der Erde aus beobachtet werden können. Viele Kometen, die in nur wenigen Jahren oder Jahrzehnten die Sonne umlaufen, sind früher einmal von einem Planeten, dem sie zu nahe kamen, eingefangen worden. Neben dem Halley'schen Kometen gibt es noch eine Reihe anderer Kometen, die in bestimmten Zeiträumen immer wieder gesehen werden können. Am schnellsten umkreist der Encke'sche Komet die Sonne, in drei Jahren und vier Monaten. Ab und zu kann man beobachten, wie Kometen regelrecht auseinanderfallen. Die locker aufgebauten Kometenkerne haben keinen stabilen Zusammenhalt. Manche Kometen haben sich sogar vor den Augen der Astronomen in zwei, drei oder mehrere Teile aufgelöst. Dazu gehörte in den Jahren 1845 bis 1852 der Biela'sche Komet. Dieser Himmelskörper, der regelmäßig in sieben Jahren um die Sonne lief, konnte danach niemals mehr beobachtet werden. Dafür bewegte sich die Erde im November 1872 durch einen Staubstrom, der zu einem Sternschnuppenfall führte. Das waren die aufgelösten Teilchen des Kometen Biela!

Wie weit sind die Sterne weg?

Fliegen wir in Gedanken aus unserem Planetensystem heraus, so müssen wir bereits einen gewaltigen Sprung machen, um nur die nächstliegenden Sterne zu erreichen. Wie bringen es die Sternforscher überhaupt fertig, solche unvorstellbar großen Abstände zu berechnen? Um den Gedankengang der Astronomen besser zu verstehen, machen wir ein kleines Experiment: Wir halten unseren Daumen etwa 30 Zentimeter vor das Gesicht und betrachten ihn einmal nur

Mit einem ganz ähnlichen Verfahren bestimmen die Astronomen Entfernungen im Weltall. Beobachten wir einen Stern am 1. Januar und dann wieder ein halbes Jahr später, am 1. Juli, so erscheint er nicht genau an der gleichen Stelle des Himmels. Er macht einen „Sprung", der um so kleiner ausfällt, je weiter der Stern von uns entfernt ist. Daraus ergibt sich eine Dreiecksberechnung, die gar nicht besonders schwierig ist. Aus dem Bahndurchmesser unserer Erde (300 Millionen Kilometer) und dem beobachteten „Sprung" der Sterne kann man ihre Entfernung bestimmen.

Das Licht legt in einem Jahr die unvorstellbar große Strecke von fast 10 000 000 000 000 km zurück.

Ein ganzes Jahr lang mit 300 000 km/sec geflogen – das ist ein Lichtjahr.

mit dem linken, dann nur mit dem rechten Auge. Vor dem Hintergrund eines Bücherschranks, einer Tapete oder einer Landschaft scheint der Daumen hin und her zu springen. Dieser „Daumensprung" ist um so kleiner, je weiter wir unseren Daumen von uns weg halten. Er hängt aber auch von dem Abstand unserer Augen ab. Würden sie enger stehen, wäre der „Daumensprung" wesentlich kleiner; wären unsere Augen weiter voneinander entfernt, würde unser Daumen einen größeren Sprung machen.

Bereits der Stern, der die geringste Entfernung von unserem Planetensystem hat, Proxima Centauri, ist 40 Billionen Kilometer von unserer Erde entfernt. Gibt man die Entfernungen im Weltraum in Kilometern an, erhält man sehr große Zahlen, mit denen auch die Astronomen nur ungern rechnen. Man hat deswegen das Lichtjahr eingeführt. Es ist die Strecke, die das Licht in einem Jahr zurücklegt. Der Lichtstrahl ist der schnellste „Bote", den es im ganzen Weltall gibt. In einer einzigen Sekunde legt er 300 000 Kilometer zurück. Von der Sonne zur Erde benötigt das Licht etwas über acht Minuten, zum äußersten Planeten Pluto über fünf Stunden, zu Proxima Centauri vier Jahre. Daher sagt man: Proxima Centauri ist vier Lichtjahre von uns entfernt. Das Licht, das uns heute von diesem Stern erreicht, wurde vor vier Jahren dort ausgesendet. Wollten wir mit einem Auto die Strecke zu Proxima Centauri fahren, so wären wir 50 Millionen Jahre unterwegs! Der Stern Proxima Centauri ist von Deutschland aus nicht zu beobachten, weil er nicht über unseren Horizont gelangt.

Er ist der kleinste Stern des Systems Alpha Centauri.

Wir können uns die Entfernungen zu den Sternen noch mit einem anderen Modell klarmachen. Dazu stellen wir uns vor, die Sonne wäre so groß wie eine Walnuß von etwas mehr als einem Zentimeter Durchmesser. Im Verhältnis dazu würde die Erde dann zu einem winzigen Staubkörnchen von einem Zehntel Millimeter zusammenschrumpfen und wäre nur noch mit einer Lupe sichtbar. Wir wären dann $1^{1}/_{2}$ Meter von der Sonne entfernt. Wir könnten also unser

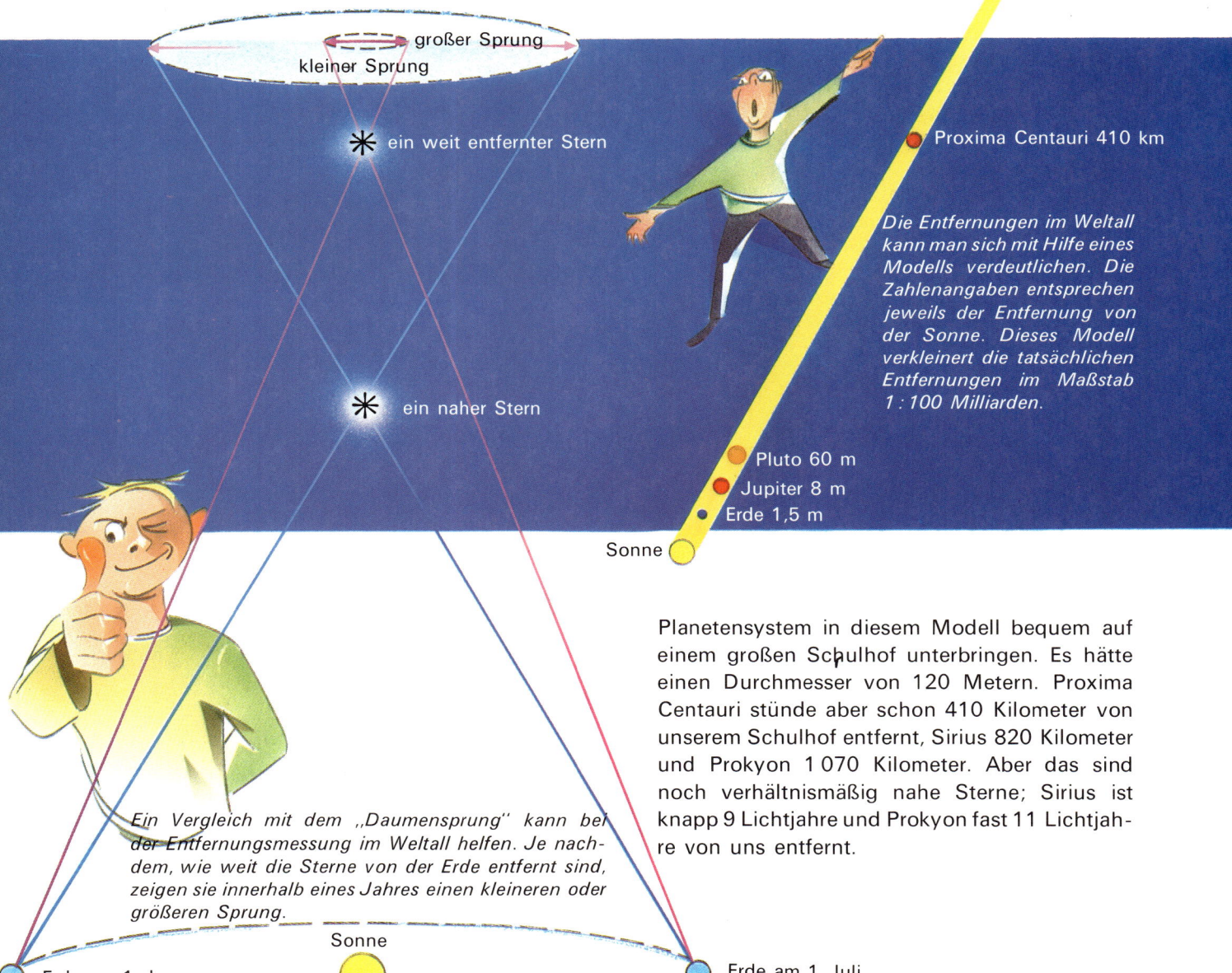

großer Sprung
kleiner Sprung

ein weit entfernter Stern

ein naher Stern

Prokyon 1 070 km

Sirius 820 km

Proxima Centauri 410 km

Die Entfernungen im Weltall kann man sich mit Hilfe eines Modells verdeutlichen. Die Zahlenangaben entsprechen jeweils der Entfernung von der Sonne. Dieses Modell verkleinert die tatsächlichen Entfernungen im Maßstab 1 : 100 Milliarden.

Pluto 60 m
Jupiter 8 m
Erde 1,5 m
Sonne

Ein Vergleich mit dem „Daumensprung'' kann bei der Entfernungsmessung im Weltall helfen. Je nachdem, wie weit die Sterne von der Erde entfernt sind, zeigen sie innerhalb eines Jahres einen kleineren oder größeren Sprung.

Erde am 1. Januar

Sonne

Erde am 1. Juli

Planetensystem in diesem Modell bequem auf einem großen Schulhof unterbringen. Es hätte einen Durchmesser von 120 Metern. Proxima Centauri stünde aber schon 410 Kilometer von unserem Schulhof entfernt, Sirius 820 Kilometer und Prokyon 1 070 Kilometer. Aber das sind noch verhältnismäßig nahe Sterne; Sirius ist knapp 9 Lichtjahre und Prokyon fast 11 Lichtjahre von uns entfernt.

Zwillingssterne im All

Betrachten wir noch einmal genauer das Sternbild des Großen Wagens. Über dem mittleren Deichselstern haben wir ein schwächeres Sternchen, das Reiterlein, kennengelernt (siehe Seite 8). Der hellere Deichselstern Mizar und der schwächere Stern Alkor, das Reiterlein, stehen so dicht beieinander am Himmel, daß wir auf den Gedanken kommen könnten, beide Sterne stünden auch draußen im Weltall ganz nahe beieinander. Aber es könnte auch sein, daß die beiden Sterne ganz verschieden weit von der Erde entfernt sind. Alkor ist vielleicht als schwächerer Stern sehr viel weiter von uns entfernt als Mizar. Beide Sterne befänden sich dann nur zufällig etwa in der gleichen Blickrichtung. Dann hätten die beiden Sterne gar nichts miteinander zu tun. Solche zufälligen „Doppelsterne" gibt es vielfach. Die Fernrohrbeobachter entdeckten vor etwa 300 Jahren immer mehr Dop-

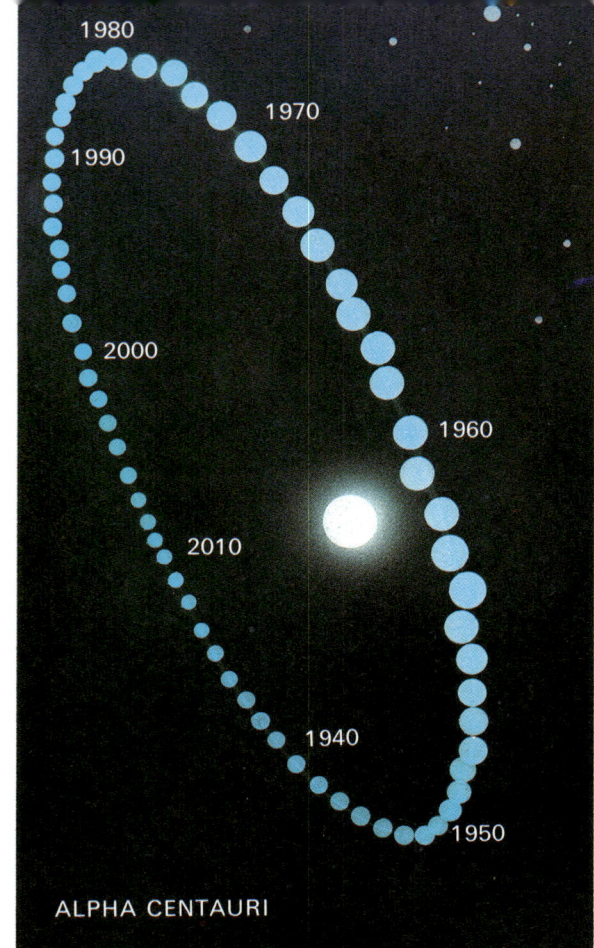

pelsterne, die so eng beieinanderstehen, daß wir sie mit dem bloßen Auge gar nicht unterscheiden können. Da tauchte die Vermutung auf, daß es echte Doppelsterne gibt – zwei Sterne, die beieinanderstehen und sich vielleicht sogar gegenseitig umkreisen. Heute umfassen die großen Sternkataloge der Astronomen schon über 100 000 Doppelsterne. Die fernsten sind von der Erde aus gar nicht erkennbar. In der Nachbarschaft der Sonne gehört mehr als jeder zweite Stern zu einem Doppelstern.

Auch Mizar und Alkor gehören zueinander. Allerdings sind sie so weit voneinander entfernt, daß Hunderttausende von Jahren vergehen, bis sich Alkor um Mizar bewegt hat. Nehmen wir aber ein Fernrohr zu Hilfe, so sehen wir auch Mizar selbst doppelt. Auch diese beiden Sterne gehören zusammen. Mit noch ausgeklügelteren Beobachtungen und Messungen haben die Astronomen herausgefunden, daß diese beiden

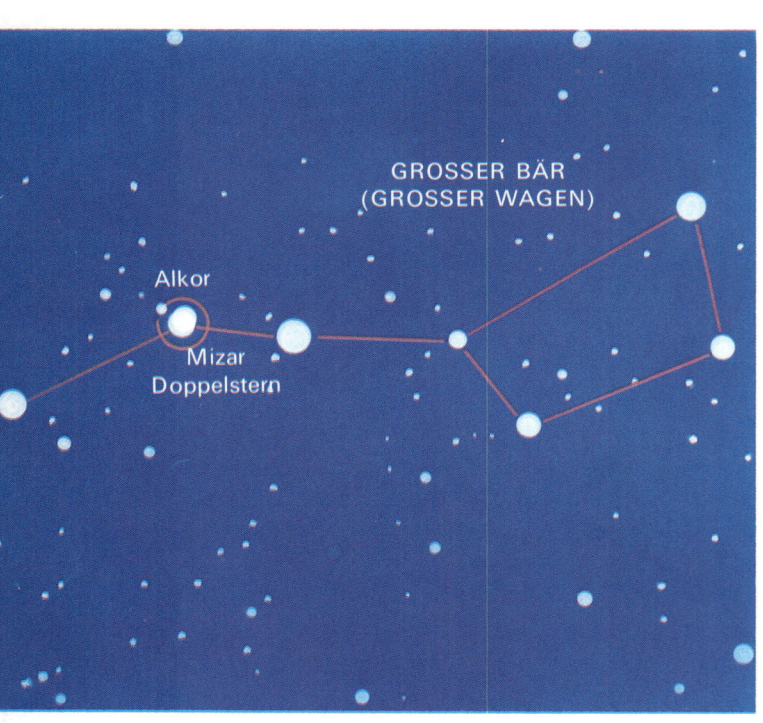

Im Sternbild des Großen Bären sind Mizar und Alkor ein Doppelstern, der bereits mit bloßem Auge zu erkennen ist. Ein Blick durch ein Fernrohr würde zeigen, daß Mizar selbst auch ein Doppelstern ist.

Oben: Auf dieser Bahn bewegt sich der Partner des Doppelsterns Alpha Centauri um seinen Hauptstern. Rechts: Doppelsterne haben gelegentlich sogar eine gemeinsame Gashülle.

Sterne ihrerseits wiederum Doppelsterne sind. Auch das Reiterlein ist in diesem Sinne nochmals doppelt. Das ganze System unseres mittleren Deichselsterns im Großen Wagen entpuppt sich sogar als ein sechsfacher Stern. Wenn wir von Doppelsternen sprechen, so müssen wir auch noch an solche Ansammlungen denken, bei denen drei, vier oder noch mehr Sterne beieinander stehen. Sie werden Mehrfachsterne genannt.

Viele Doppelsterne können wir bereits mit einem Feldstecher oder einem ganz kleinen Fernrohr in zwei Lichtpunkte auflösen. Dazu sollen hier noch einige Beispiele gegeben werden. Die jeweiligen Sterne finden wir auf unseren Sternenkarten und in den Beschreibungen der einzelnen Sternbilder. Der Stern Albireo (siehe Seite 21), der den Kopf des Schwans bildet, kann schon mit einem Feldstecher in einen helleren orangeroten und einen schwächeren, bläulichen Stern aufgelöst werden. Ein kleines Fernrohr mit etwa fünf Zentimeter Öffnung löst auch den Stern Alamak im Sternbild Andromeda (siehe Seite 26) auf. Gleichfalls ein leicht zu trennender Doppelstern ist Gamma im Sternbild Löwe (siehe Seite 18). Dieser Stern befindet sich etwas nördlich von Regulus, im hinteren Teil der Löwenmähne.

In vielen Fällen konnten die Astronomen auch schon herausfinden, in welcher Zeit sich der eine Stern um den anderen bewegt. Unser Bild zeigt uns den Doppelstern Alpha Centauri. Der Hauptstern wird in über 80 Jahren einmal von seinem Partner umkreist. Die Umlaufzeiten der Doppelsterne umeinander betragen manchmal nur wenige Jahre, manchmal aber auch viele Jahrhunderte oder Jahrtausende.

Am seltsamsten sind solche Doppelsterne, bei denen die beiden Einzelsterne so eng beieinander stehen, daß sie über eine gemeinsame Gashülle verfügen. Manchmal fließen auch von dem einen zum anderen Stern Gasmassen über. Beide Sterne drehen sich sehr schnell um ihre eigene Achse. Manchmal sind sie sogar etwas eiförmig ausgebeult.

Sternhaufen

Wenn eine große Zahl von Sternen zusammengehört, spricht man nicht mehr von Doppel- oder Mehrfachsternen, sondern von Sternansammlungen oder Sternhaufen. Sie können Dutzende, Hunderte, ja Tausende einzelner Sterne enthalten. Einige Sternhaufen sind bereits ohne Fernrohr sehr gut zu beobachten. Das beste Beispiel sind die Hyaden im Sternbild Stier. Dort sehen wir mit bloßem Auge einige Dutzend, mit Fernrohren etwa hundert Sterne. Sie sind alle ungefähr hundert Lichtjahre von uns entfernt. Der Hauptstern im Stier, Aldebaran, gehört nicht dazu. Er befindet sich mehr im Vordergrund.

Gleichfalls im Sternbild Stier, an seinem rechten oberen Ende, sehen wir den noch enger gedrängten Sternhaufen der Plejaden, das Siebengestirn. Während mit bloßem Auge nur wenige Sterne zu sehen sind, entpuppen sich in

KUGELSTERNHAUFEN IM HERKULES

PRÄSEPE IM KREBS

einem Fernrohr etwa 200 Sterne. Sie sind ungefähr 400 Lichtjahre von uns entfernt, also viermal weiter als die Hyaden. Deswegen erscheinen sie auch etwas enger beieinander. Im Sternbild Krebs sieht man in einer sehr dunklen Nacht einen blassen, rundlichen Nebelfleck. Er löst sich schon in einem guten Feldstecher in einige hundert Sterne auf. Sie sind 500 Lichtjahre entfernt. Es ist die Krippe oder Präsepe.

Das waren einige Beispiele für Sternhaufen, die sich eindeutig in einzelne Sterne auflösen lassen. Astronomen nennen sie offene Sternhaufen. Daneben gibt es aber auch kugelförmige Sternhaufen. Wir können sie mit bloßem Auge nicht mehr sehen. Nur im Sternbild Herkules gibt es einen solchen Haufen, der mit einem Feldstecher als winziger Nebelfleck entdeckt werden kann. Um ihn wenigstens teilweise aufzulösen, benötigen wir schon ein gutes Fernrohr. Und erst auf einer scharfen Fotoaufnahme, die mit einem leistungsstarken Teleskop gemacht wurde, zeigt sich ein schönes, kugelförmiges Gebilde. Die einzelnen Sterne sind kaum zu zählen. Wahrscheinlich sind es 100 000 bis eine Million Sterne, die hier beieinanderstehen. Dieser Kugelsternhaufen ist etwa 30 000 Lichtjahre von unserer Erde entfernt. Die Sterne der Kugelsternhaufen stehen teilweise noch enger beieinander als in den offenen Sternhaufen.

Wenn wir die Sterne oft auch als Fixsterne, also „festgeheftete Sterne" bezeichnen, so stimmt dies nicht ganz. Schon der englische Astronom Edmund Halley fand im Jahre 1718 heraus, daß die Sterne sich langsam bewegen. Der Große Wagen würde in 10 000 oder 100 000 Jahren sicher ganz anders aussehen als heute. Gerade bei den offenen Sternhaufen kann man diese Bewegung oft sehr gut feststellen. Unser Bild zeigt sie für die einzelnen Sterne in den Hyaden. Sie bewegen sich alle schräg nach links hinten von uns weg auf einen Punkt zu, der nicht allzuweit von Beteigeuze im Sternbild

PLEJADEN

HYADEN

Aldebaran

Bellatrix

Beteigeuze

ORION

Rigel

Orion liegt. Dadurch, daß sich die einzelnen Hyadensterne nicht nur nach der Seite bewegen, sondern auch etwas von uns weg, wird der Sternhaufen der Hyaden in Zukunft immer gedrängter erscheinen. Nach einigen Millionen Jahren wird er dann schon so weit von der Erde entfernt sein wie in der Gegenwart die Plejaden. Schließlich werden die Hyaden nach etwa 65 Millionen Jahren von der Erde aus gesehen in einem Punkt ganz eng zusammenstehen, der nahe bei Beteigeuze liegt. Zu den Sternhaufen, deren Sterne sich alle in die gleiche Richtung bewegen, gehören auch die Plejaden.

Wir dürfen uns den Sternenhimmel trotz seiner unvorstellbaren Ausmaße nicht als etwas Unveränderliches vorstellen. Nur unser kurzes Menschenleben täuscht darüber hinweg, daß auch im Weltall alles in Bewegung ist; nicht nur bei den uns näher gelegenen Planeten, sondern auch bei den ferneren Sternen und Sternhaufen.

Die Sterne der Hyaden (links) bewegen sich von der Erde aus gesehen ganz langsam: Gemeinsam wandern sie auf einen Punkt zu, der in der Nähe von Beteigeuze im Orion liegt.

Gas und Staub im Weltall

Befindet sich zwischen den einzelnen Himmelskörpern eigentlich überhaupt nichts? Gibt es dort einen vollkommen leeren Raum? Die Astronomen wissen längst, daß diese Annahme nicht richtig ist. Selbst in den entlegensten Teilen des Weltraums gibt es noch ein ganz feines, dünnes Gas und häufig auch winzige feste Teilchen — vergleichbar mit den Meteoriten, die durch unser Sonnensystem sausen. Die Astronomen sprechen vom Staub im Weltraum.

Krabbennebel

heute von diesem Nebel erhalten, sehen wir ein Gebilde, das an ein großes Lagerfeuer erinnert. Aber so schnell finden die Bewegungen in diesen „Flammen" doch nicht statt. Die Farben, die uns die moderne Farbfotografie zeigt, können wir beim direkten Blick auf den Nebel selber nicht sehen. Betrachten wir den Orionnebel durch ein Fernrohr, erscheint er grau.

Auch um die Sterne der Plejaden herum zeigen sich solche Nebelmassen. Es handelt sich um Nebel, die aus Staubteilchen zusammengesetzt sind und das Licht der Plejadensterne zurückstrahlen. Im Orionnebel dagegen gibt es

Orionnebel

Wir benötigen gar keine sehr großen Fernrohre, um auch solche ‚Wolken' zwischen den Sternen zu beobachten. Blicken wir einmal auf den Himmelsjäger Orion, den wir schon früher kennengelernt haben. Bereits mit einem Feldstecher sehen wir unterhalb der drei Gürtelsterne um einige schwache Sternchen herum einen blassen, nebligen Fleck. Es ist der Orionnebel, rund 1 500 Lichtjahre von uns entfernt. Er löst sich auch in sehr großen Fernrohren nicht mehr weiter in einzelne Sterne auf. Auf Fotos, die wir

auch Gase, die von den Sternen zum eigenen Leuchten angeregt werden.

Eine ganze Reihe gut sichtbarer, heller Gasnebel befinden sich zum Beispiel in den Sternbildern Schütze und Schwan. Viele Nebel haben wegen ihrer eigentümlichen Gestalt besondere Namen erhalten. Im Schwan, in der Nähe des Sterns Deneb, befindet sich der Nordamerikanebel. Die Umrisse dieses Nebels erinnern an die des nordamerikanischen Kontinents. Am Südhimmel gibt es den Tarantel-Nebel. Er sieht aus

Knapp unterhalb des linken Gürtelsterns im Orion befindet sich der berühmteste Dunkelnebel dieser Art. Auf guten Fotos zeigt sich dort ein schwarzes Gebilde, das wie ein Pferdekopf aussieht. Es ist der Pferdekopfnebel. An anderen Stellen des Himmels sehen wir rundliche Nebelflecken, die an Rauchkringel erinnern. Man hat sie planetarische Nebel getauft, obwohl sie mit Planeten nichts zu tun haben – sie sehen nur wie Planetenscheiben im Fernrohr aus. Es handelt sich um Gasringe, die von Sternen abgestoßen wurden. Ein ähnlicher Nebel ist der Krabbennebel im Sternbild Stier. Er ist der Überrest

wie eine große Tarantel-Spinne. Im Sternbild Einhorn sehen wir den Rosetten-Nebel, der wie eine Rosette oder Rose aussieht. Daneben gibt es aber auch viele dunkle Nebel. Rechts oberhalb von Atair im Adler sehen wir mit einem Feldstecher einen dunklen Fleck inmitten der Milchstraße, die „dunkle Höhle im Adler". Es ist eine Staubwolke, die den Blick in die dahintergelegenen Teile des Weltalls versperrt. Wir sehen in dieser Himmelsgegend fast nur noch die Sterne, die sich vor dieser Dunkelwolke befinden.

Wenn die Astronomen von „Staub im Weltall" sprechen, dann dürfen wir nicht an den Staub denken, der uns im Hause zu schaffen macht. Unter „Staub" verstehen die Astronomen winzig kleine, feste Teilchen. Die meisten wären nur noch unter dem Mikroskop und kaum mehr mit bloßem Auge zu erkennen.

Pferdekopfnebel

einer gewaltigen Sternenkatastrophe, die sich am 4. Juli 1054 ereignete. Damals sahen chinesische Astronomen plötzlich einen ungeheuer hellen Stern an dieser Stelle. Heute wissen wir, daß es eine Supernova war. So nennt man Sternexplosionen am Ende eines Sternendaseins. Gewaltige Gasmassen werden dabei in den Weltraum hinausgeschleudert. Ein Überrest dieser Supernova, den wir heute noch sehen können, ist eben der Krabbennebel (siehe auch Seite 115).

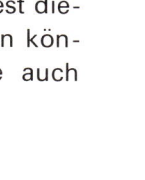

Sterne, die ihr Licht verändern

Wenn wir die Sterne an klaren Winterabenden kräftiger funkeln sehen als sonst, so hat das mit den Sternen selbst nichts zu tun. So schnell verändern sie ihre Helligkeit nicht. Das funkelnde Flackern hängt vielmehr mit Bewegungen in unserer Lufthülle, der Atmosphäre, zusammen. Ist die Atmosphäre zum Beispiel bei starkem Wind oder beim Einbruch von Kaltluftmassen sehr unruhig, verändert sich die Brechung des Sternenlichts ständig, und die Sterne funkeln

seus. Beobachtet man Algol über längere Zeit hinweg, so zeigt sich in Abständen von knapp drei Tagen ein starker Helligkeitsabfall: Innerhalb von fünf Stunden sinkt die Helligkeit auf etwa ein Drittel zurück. Wenige Minuten verbleibt der Stern bei dieser schwachen Helligkeit. Dann vergehen weitere fünf Stunden, bis er wieder so hell ist wie zuvor. Solche Sterne nennen die Astronomen auch ‚Bedeckungsveränderliche‘.

Daneben gibt es Sterne, die ihre Helligkeit verändern, weil sie sich regelmäßig aufblähen oder zusammenziehen: die pulsierenden Sterne.

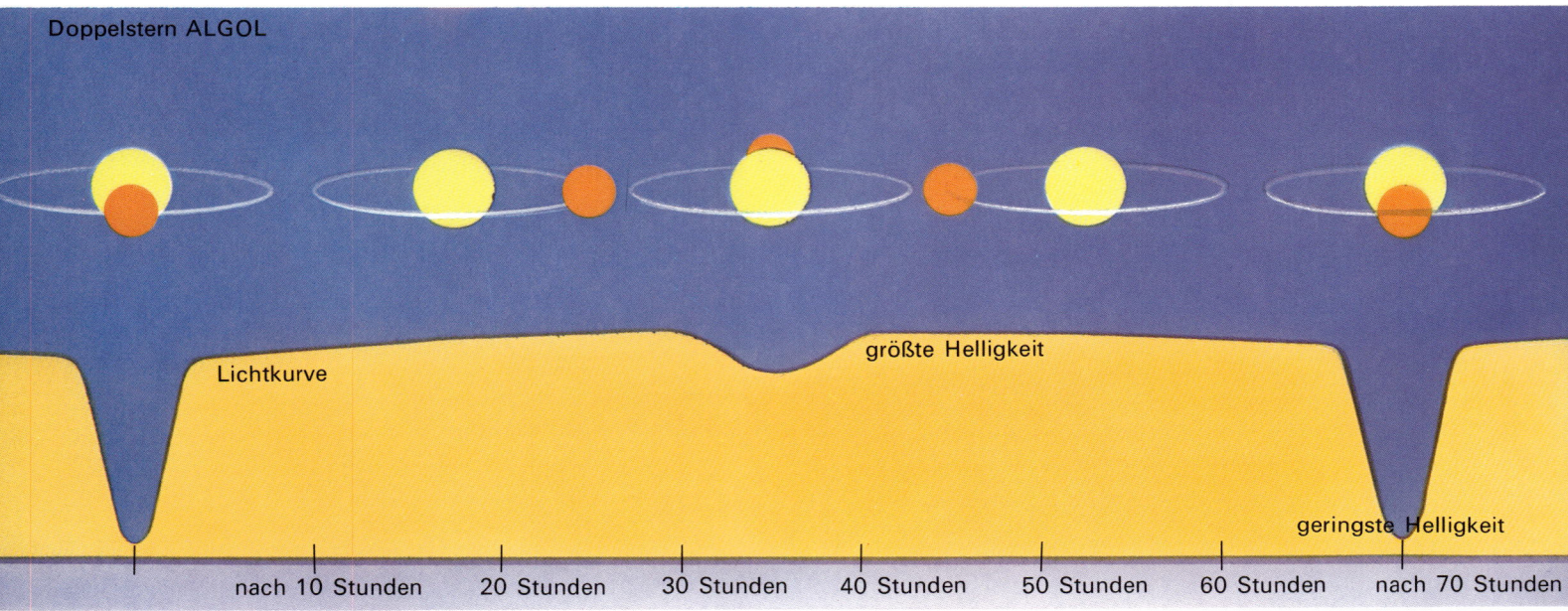

Doppelstern ALGOL

Lichtkurve

größte Helligkeit

geringste Helligkeit

nach 10 Stunden   20 Stunden   30 Stunden   40 Stunden   50 Stunden   60 Stunden   nach 70 Stunden

dann besonders schön. Die Astronomen freuen sich über diese Erscheinung allerdings nicht. Sie möchten in ihren Fernrohren scharfe Bilder von den fernen Himmelskörpern erhalten, was durch das Flackern verhindert wird.

Doch es gibt auch Sterne, die tatsächlich ihr Licht verändern. Bei manchen liegt es daran, daß ein Stern einen anderen umkreist und ihn, von uns aus gesehen, dabei zeitweise verdeckt und verfinstert. Der berühmteste Stern dieser Art ist Algol, der Teufelsstern, im Sternbild Per-

Der auffallendste Stern dieser Art ist Delta Cephei im Sternbild Kepheus. Deshalb spricht man auch von den Delta Cephei-Sternen oder den Cepheiden. Kurz nachdem ein solcher Stern am hellsten ist, erreicht er seinen größten Durchmesser; und kurz nach Erreichen seiner kleinsten Helligkeit ist er am stärksten zusammengeschrumpft.

Im Sternbild Walfisch gibt es den veränderlichen Stern Mira. Gelegentlich kann Mira gut mit bloßem Auge beobachtet werden. Meistens

Algol ist eigentlich ein Doppelstern. Die beiden Sterne bewegen sich umeinander und bedecken sich gegenseitig. Dadurch verändert sich die Helligkeit des Sterns regelmäßig.

ist er jedoch nur mit einem kleinen Fernrohr zu sehen. Während bei den Cepheiden nur wenige Tage vergehen, bis der gesamte Lichtwechsel vollzogen ist, dauert die Veränderung bei Mira rund elf Monate. Mira gehört zu den roten Riesensternen. Fast alle roten Riesen, wie zum Beispiel Beteigeuze im Orion oder Antares im Skorpion, sind unruhig und zeigen Helligkeitsveränderungen. Bei manchen tritt die Veränderung nicht regelmäßig auf, so daß keine Vorhersagen über ihre künftige Helligkeit gemacht werden können. Am eindruckvollsten sind aber die Novae, die „neuen" Sterne. Früher hielt man eine

millionenfache der früheren Helligkeit erreichen. Diese Sterne stehen am Ende ihrer Lebensdauer. In wenigen Tagen oder Wochen schleudern sie ungeheure Energiemengen hinaus und schrumpfen dann auf eine stark verdichtete Sternmasse zusammen.

Manche dieser geschrumpften Sterne drehen sich in Sekundenschnelle um die eigene Achse. Lichtstrahlen und Radiowellen werden nur nach einer ganz bestimmten Richtung abgegeben, ganz ähnlich wie bei einem Leuchtturm.

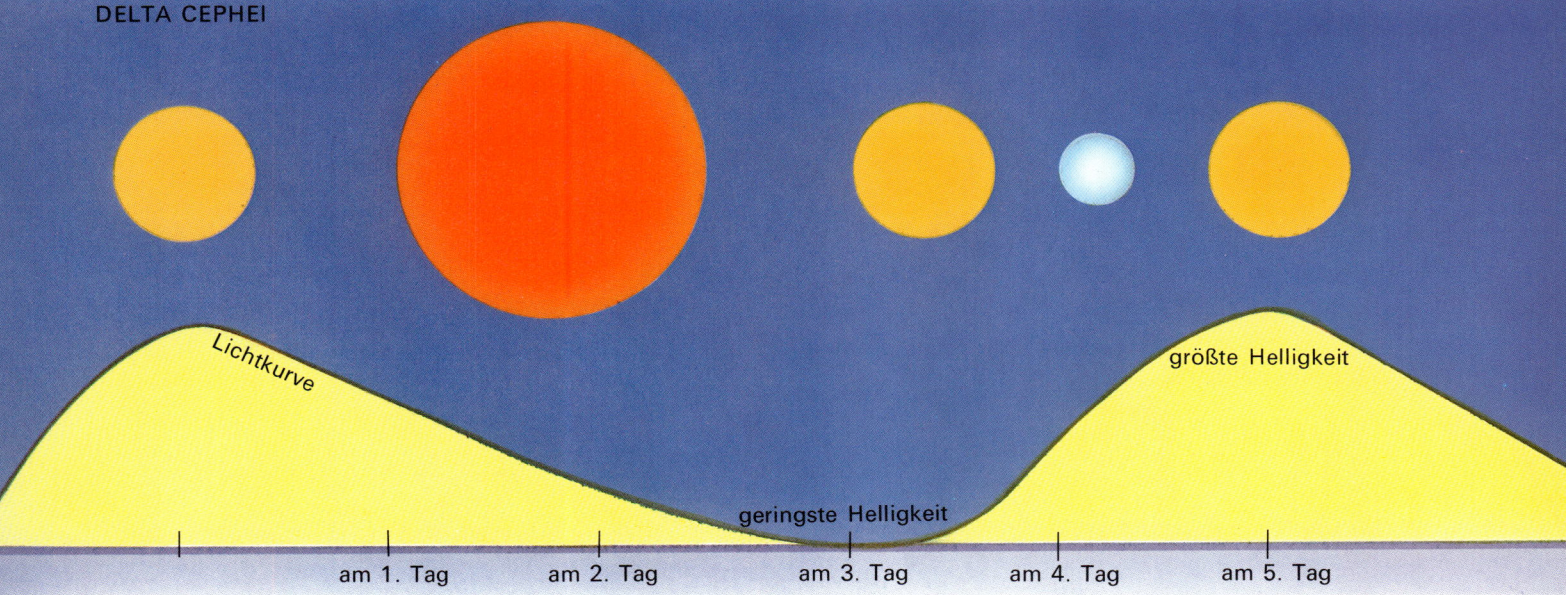

DELTA CEPHEI

Lichtkurve

größte Helligkeit

geringste Helligkeit

am 1. Tag am 2. Tag am 3. Tag am 4. Tag am 5. Tag

Nova tatsächlich für einen neu entstandenen Stern, der plötzlich am Himmelsgewöbe erschien. Heute weiß man aber, daß eine Nova ein vorher sehr schwacher Stern ist, der innerhalb weniger Tage einen gewaltigen Ausbruch erfährt. Dabei steigt dann die Helligkeit eines solchen Sterns auf das Millionenfache an. Viele Monate oder sogar Jahre vergehen, bis die ursprüngliche Helligkeit wieder erreicht wird.

Noch beeindruckender sind die als Supernovae bezeichneten Sterne, die sogar das Hundert-

Das Licht und die Radiowellen dieser Himmelsobjekte, die Pulsare genannt werden, können im Abstand von ein bis drei Sekunden empfangen werden. Solche Leuchtfeuer im Weltall sind den Astronomen erst seit wenigen Jahren bekannt. Ein vielbeachteter Pulsar wurde inmitten des Krabbennebels im Sternbild Stier entdeckt (siehe Bild Seite 104). Auch der Krabbennebel ist der Überrest einer Supernova. Der Pulsar in ihm dreht sich sogar dreißigmal in einer Sekunde um seine Achse.

Der Stern Delta Cephei ist ein pulsierender Stern. Er verändert seine Helligkeit im Verlauf von mehreren Tagen, indem er sich aufbläht und wieder zusammenzieht.

Die Milchstraße in Sage und Wissenschaft

Am lichterfüllten Himmel der Großstadt kann die Milchstraße kaum noch beobachtet werden. Auf dem Land, an der See oder in den Bergen, sollte man einmal die Gelegenheit nutzen, das schimmernde, neblige Sternenband zu suchen, das sich über das ganze Himmelsgewölbe spannt. Die Sommermonate sind dazu am besten geeignet. Dann stehen auch die hellsten Teile und Schild. Alle diese Bilder ragen für einen Beobachter in Mitteleuropa nur knapp über den Südhorizont herauf. Je weiter wir nach Süden kommen, desto besser ist also die Milchstraße zu beobachten.

Dennoch kann im Spätsommer ein anderer, ebenfalls fast so eindrucksvoller Teil der Milchstraße bei uns wahrgenommen werden. Er liegt

Der stürzende PHAIDON

Die Milch der Göttin HERA

der Milchstraße über dem Horizont. Im Norden, etwa an der Nordsee oder Ostsee kann man die Milchstraße allerdings erst spät abends entdecken, weil es dort in den Sommermonaten so spät dunkel wird. Besser ist es in den Alpen oder in den Ländern rings um das Mittelmeer. Dort geht die Sonne früher unter, und die hellsten Teile der Milchstraße stehen in diesen Regionen höher über dem Horizont als bei uns – sie liegen in den Sternbildern Skorpion, Schütze

DEMOKRIT

im Bereich des Sommerdreiecks, also der Sternbilder Leier, Adler und Schwan. Diese Bilder gelangen nämlich für Mitteleuropa viel höher über den Horizont herauf als Skorpion, Schütze und Schild.

Viele Sagen knüpfen sich an das neblige Band der Milchstraße. Der Name Milchstraße rührt aus der Vorstellung der Griechen im Altertum. Danach soll die Göttin Hera, Gemahlin des Gottes Zeus, den „Milchstrom" verursacht haben, indem sie die eigene Milch über das Himmelsgewölbe vergoß. Nach einer anderen griechischen Sage handelt es sich bei dem nebligen Band der Milchstraße um einen Aschenstreifen, der folgendermaßen entstand: Die Sonne zog nach der Vorstellung der damaligen Menschen mit einem gewaltigen Wagen über das Himmelsgewölbe hinweg. In der Sage wollte Phaidon, der Sohn des Sonnengottes Helios, mit dem Wagen des Vaters spielen. Nach langem Zögern stimmte Helios zu, und Phaidon fuhr los. Da passierte ein schlimmer Unfall: Der Sonnenwagen kippte um und ein riesiger Weltenbrand von verheerenden Ausmaßen entstand. Der Sonnenwagen brannte aus und der Aschenhaufen zerstreute sich über den ganzen Himmel.

Andere Völker fanden ebenfalls phantasievolle Erklärungen für die Milchstraße. Im frühen China dachte man sich die Milchstraße als einen reißenden Strom, über den es keine Brücke gab.

In Mexiko galt die Milchstraße als die Schwester des Regenbogens. Die Menschen im Römischen Reich dachten sich die Milchstraße als eine Brücke, auf der die Götter zwischen Himmel und Erde hin und her wandeln.

Was die Milchstraße wirklich ist, könnt ihr sofort erkennen, wenn ihr sie durch einen Feldstecher beobachtet. Dann löst sie sich in eine Unzahl schwacher Sterne auf. Sie sind sehr weit von der Erde entfernt und es hat den Anschein, daß sie dicht beieinanderstehen. Die Fülle kommt durch die riesigen Entfernungen zustande, die über die tatsächlichen Abstände der Sterne voneinander hinwegtäuschen. Ähnlich ist es, wenn man am Waldrand steht und die längs der Waldgrenze stehenden Bäume fotografiert. Auf dem Bild staffeln sich die Bäume so dicht hintereinander, daß sie so eng gedrängt erscheinen wie die Streichhölzer in einer Schachtel. Ihr tatsächlicher Abstand voneinander ist nicht zu erkennen. So ähnlich geht es dem menschlichen Auge, wenn wir in die Milchstraße

WILHELM HERSCHEL

blicken: Zwei Sterne, die ganz dicht beieinander erscheinen, sind in Wirklichkeit weit voneinander entfernt und staffeln sich hintereinander im Weltraum. Ihre Entfernung voneinander kann Tausende von Lichtjahren betragen.

Daß die Milchstraße aus vielen einzelnen Sternen bestehen könnte, ahnte als erster der griechische Philosoph Demokrit. Aber erst nach Erfindung des Fernrohrs konnte dies wirklich bewiesen werden.

Die Milchstraße stellt einen großen Kreis rings um das Himmelsgewölbe dar. Immer nur eine Hälfte befindet sich oberhalb des Horizonts. So

Wright auf die Idee, daß das Band der Milchstraße etwas darüber aussagen könnte, wie das Sternensystem aussieht, in dem wir uns mit unserem Sonnensystem befinden. Der Königsberger Philosoph Immanuel Kant griff wenige Jahre später diesen Gedanken auf. Wilhelm Herschel, der auch den Planeten Uranus entdeckte, entwarf Ende des 18. Jahrhundert einen ersten Plan des Milchstraßensystems. Die Erde wurde von ihm als Teil des Systems, das wir heute auch das galaktische System nennen, miteinbezogen. Herschel nahm an, daß es von riesenhafter, aber flacher linsenförmiger Gestalt sei. Aus

kommt es, daß wir einmal hellere, einmal etwas schwächere Teile der Milchstraße beobachten können. In den Wintersternbildern Orion, Stier und Fuhrmann leuchtet die Milchstraße am schwächsten, in den Sommersternbildern, wie auf Seite 108 beschrieben, am hellsten.

Wie kommt es aber, daß überhaupt in Richtung der Milchstraße so viele Sterne stehen, während wir in anderen Richtungen des Weltalls viel weniger Himmelskörper beobachten können? Im Jahre 1750 kam der Engländer Thomas

der ungleichförmigen Helligkeit der Milchstraße schloß man schon damals, daß die Erde und unser Sonnensystem sich nicht genau in der Mitte des Milchstraßensystems befinden können, sondern etwas abseits davon. Zur Mitte hin wird die Ansammlung von Sternen immer dichter. Das erklärt, warum wir an unserem Himmel in Richtung dieses Zentrums mehr Sterne beobachten können als in Richtung des Randes unserer Galaxis. Dies liegt aber auch daran, daß von uns aus gesehen das Milchstraßensystem

Viele Dunkelwolken innerhalb der Milchstraße, hier als dunkle Flecken zu sehen, versperren den Blick in die dahinter gelegenen Teile des Weltalls.

in der Gegenrichtung zum Zentrum schneller zu Ende ist als zum Zentrum hin gesehen. Wir können uns das Zentrum in Richtung des Sternbilds Schütze nur denken. Denn viele Dunkelwolken wie der bekannte Pferdekopfnebel verhindern die Beobachtung mit dem Fernrohr.

Erst in neuerer Zeit gelang es mit Radioteleskopen, auch den Innenbereich unseres Milchstraßensystems näher zu erforschen. Der Gesamtdurchmesser unseres galaktischen Systems beträgt 100 000 Lichtjahre, die Dicke im Kernbereich mißt 16 000 Lichtjahre. Die Erde ist vom Mittelpunkt des Milchstraßensystems etwa

ze. Weiter außen liegt der Perseus-Arm. Alle Sterne unseres Milchstraßensystems bewegen sich um das Zentrum. Die Sonne und ihre Planeten benötigen zu einem Umlauf rund 220 Millionen Jahre bei einer Geschwindigkeit von 250 Kilometern pro Sekunde. Seit es Menschen auf unserer Erde gibt — seit etwa 2 bis 3 Millionen Jahren — hat die Sonne also erst ein Hundertstel eines einzigen Umlaufs um die Mitte unseres Sternensystems erreicht.

In den Spiralarmen befinden sich zahlreiche helle und dunkle Nebel. Die offenen Sternhaufen, wie die Plejaden, sind längs der Spiralarme

30 000 Lichtjahre entfernt. Heute weiß man auch, daß das Milchstraßensystem nicht die Form einer flachen Linse hat. Es besteht vielmehr aus einem Kern, um den sich einzelne Spiralarme wickeln.

Wo die einzelnen Spiralarme entlang laufen, konnten in den letzten Jahren die Radioastronomen genauer herausbekommen. Unsere Sonne und ihre Planeten befinden sich auf einem Spiralarm, der Orion-Arm heißt. Zum Zentrum der Milchstraße hin liegt der Sagittarius-Arm. Sagittarius ist die lateinische Bezeichnung für Schüt-

angeordnet. Die kugelförmigen Sternhaufen dagegen stehen um das flache, spiralförmige Milchstraßensystem in einem weiten Vorhof herum. Der Kern unserer Milchstraße besteht aus zahlreichen Sternen, die viel dichter beieinander stehen, als die Sterne in der Nachbarschaft der Sonne. Gäbe es im Milchstraßeninnern einen Planeten und könnten wir von seiner Oberfläche aus das Weltall beobachten, so wäre der nächtliche Himmel übersät mit gleißend hellen Sternen.

Unser Milchstraßensystem hat die Form einer riesigen Spirale: Die einzelnen Spiralarme wickeln sich um den im Mittelpunkt liegenden Kern.

Andere Milchstraßen

Unser galaktisches System ist nicht das einzige im Weltall. Es ist nur ein Sternsystem unter Milliarden anderen. Ein, an kosmischen Größenverhältnissen gemessen, nahegelegenes Sternsystem können wir gerade noch ohne Fernrohre beobachten. Dazu eignet sich am besten eine dunkle, mondlose Herbstnacht. Zu dieser Jahreszeit können wir uns am Sternenviereck des Pegasus orientieren, das hoch am Südhimmel zu finden ist. Von dem linken oberen Stern dieses Vierecks aus steht zwei weitere Sterne nach links aufwärts der mittlere Stern der Andromeda. Über ihm sieht man zwei schwächere Sterne und gleich daneben einen länglichen Nebelfleck, den Andromedanebel.

Der Andromedanebel ist ein ähnliches spiralförmiges Milchstraßensystem wie das unsere. Es ist etwa zwei Millionen Lichtjahre von der Erde entfernt: Das fernste Himmelsobjekt, das wir mit bloßem Auge sehen können. Allerdings ist zu bedenken, daß es das Licht von Milliarden einzelner Sterne ist, das diesen schwachen Nebeleindruck hervorruft. Der Durchmesser des Andromedanebels beträgt 150 000 Lichtjahre. Von der Südhalbkugel der Erde aus, zum Beispiel in Australien oder Südafrika, können noch zwei andere Milchstraßensysteme, die uns viel näher stehen als der Andromedanebel, beobachtet werden. Es sind die Große und die Kleine Magellansche Wolke. Den Namen erhielten die beiden Galaxien nach dem großen portugiesischen Seefahrer Fernao de Magellan, der von 1480 bis 1521 lebte. In den Jahren 1519 bis 1521 leitete er eine Schiffsexpedition, die um die Südspitze Südamerikas herum in den Pazifischen Ozean führte. Von dort wollte er wieder nach Europa zurückkehren. Magellan starb auf den Philippinen. Seine Flotte kehrte jedoch nach Spanien zurück. Mit dieser ersten Weltumsegelung war die Kugelform der Erde erwiesen. Magellan ist wahrscheinlich auch der erste gewesen, der die beiden nebligen Flecken am Südhimmel entdeckte, die wir heute nach ihm benennen.

Die Magellanschen Wolken sind nur etwa 165 000 Lichtjahre von der Erde entfernt und werden als Begleiter unseres eigenen Milchstraßensystems angesehen. Sie sind keine Spiralnebel, sondern haben eine ganz unregelmäßige Form.

Unter den galaktischen Systemen kennt man solche, die spiralförmig sind, solche, die eine Ellipsenform haben und elliptische Nebel genannt werden, und solche, die keine regelmäßige Form besitzen. Auch die Formen innerhalb der Gruppe der Spiralnebel sind vielfältig. Es gibt die verschiedensten Gestalten, die sich niemals genau wiederholen. Auffällig sind die balkenförmigen Spiralnebel. Der Kern dieser Galaxien ist nicht rundlich, sondern zu einem breiten Balken auseinandergezogen. An den beiden Enden dieser Balken setzen die Spiralarme an. Verschiedene Formen der Spiralnebel entstehen durch die Perspektive, aus der wir sie wahrnehmen. Manche dieser flachen Gebilde sehen wir senkrecht von oben, andere schräg von oben oder unten, wieder andere nur gerade von der Kante her. Im letzteren Fall sind nur ganz dünne spindelförmige Nebel zu erkennen. Quer durch die Nebel zieht sich oft ein schwarzer Strich. Es handelt sich dabei um Dunkelwolken, die sich in dieser Gegend eines Spiralnebels ansammeln. Unsere Bilder zeigen einige typische Beispiele von Galaxien. Die Wissenschaftler haben herausgefunden, daß die meisten galaktischen Systeme sich zu größeren Haufen zusammenschließen, zu Nebelhaufen oder Galaxienhaufen. Solche Ansammlungen können Hunderte bis Tausende einzelner Milchstraßensysteme enthalten. Die fernsten Galaxien, die heute fotografiert werden können, sind mehrere Milliarden Lichtjahre entfernt.

Rechts: Der Sombreronebel im Sternbild Jungfrau
Rechts außen: Ein balkenförmiger Spiralnebel

Der große Andromedanebel

Ein unregelmäßiger Nebel im Sternbild des Großen Bären

Ein Spiralnebel im Sternbild Jagdhunde

Die Große Magellansche Wolke

Wie entstehen die Sterne?

Früher glaubte man, alle Sterne seien gleichzeitig entstanden und würden irgendwann einmal wieder vergehen. Die moderne Wissenschaft hat jedoch herausgefunden, daß auch heute noch Sterne entstehen. Im Orionnebel gibt es eine ganze Reihe von jungen Sternen. An einigen Stellen des Himmels können solche Geburtsstätten neuer Sterne beobachtet werden. Am Anfang sind es noch ganz dünne Gaswolken, die sich da und dort zusammenziehen. Die Wolken ähneln in diesem Stadium dem Orionnebel. Hat sich der Gasball genügend zusammengezogen, ist aus der Verdichtung ein neuer Stern entstanden. Um ihn herum können sich aus weiteren Nebeln Planeten und Satelliten bilden. Je nachdem, ob der neue Stern über eine größere oder eine kleinere Masse verfügt, wird aus ihm ein blauweißer, leuchtkräftiger Stern oder nur ein kümmerlicher, roter Zwergstern. Über lange Zeit strahlt der Stern gleichmäßig Licht und Wärme aus. Tief in seinem Innern verwandelt sich der Wasserstoff, aus dem er zum größten Teil besteht, allmählich in Helium. Später erfolgt eine Umwandlung des Gases Helium in schwerere Stoffe. Dabei werden große Energiemengen freigesetzt und der Stern bläht sich zu einem roten Riesenstern auf, wie zum Beispiel der Antares im Skorpion oder Aldebaran im Stier.

Unsere Sonne ist heute etwa viereinhalb Milliarden Jahre alt. Noch weitere drei Milliarden Jahre werden vergehen, bis sie sich zu einem solchen roten Riesen aufbläht. Sie wird solche Ausmaße annehmen, daß die inneren Planeten verschlungen werden. Andere Sterne, die verschwenderischer mit ihrem Energievorrat umgehen, blähen sich schon nach einigen Millionen Jahren zu einem roten Riesen auf — im Gegensatz zu den sparsamen roten Zwergen, die weit über 10 Milliarden Jahre alt werden.

Ein roter Riesenstern steht noch nicht am Ende der Entwicklung eines Sterns. Einige fan-

ROTER RIESENSTERN
(z. B. Antares, Beteigeuze, Aldebaran)

Ausdehnung der Hülle

JUNGER STERN

Verdichtung

Dünne Gas- und Staubwolken mit Verdichtungen

PULSIERENDER STERN
(Cepheiden)

SUPERNOVA

WEISSER ZWERGSTERN

**NEUTRONENSTERN
(SCHWARZES LOCH)**

gen zu pulsieren an. Wenn alle Energievorräte erschöpft sind, fällt ein Stern in sich zusammen. Übrig bleibt ein ungeheuer verdichtetes Paket von Materie. Aus einem Stern geringer Masse entsteht ein weißer Zwergstern. Sein Umfang entspricht ungefähr noch dem der Erde und seine Lichtstrahlung ist kümmerlich. Unsere Sonne wird einmal ein solcher Stern werden. Im Innern dieser Sternart ist die Materie so stark zusammengepreßt, daß ein Stück von ihr in Form eines Würfels von einem Zentimeter Kantenlänge auf der Erde ein Gewicht von einer Tonne hätte.

Sterne, die vorher etwas massiger sind als die Sonne, fallen am Ende ihrer Entwicklung noch stärker in sich zusammen. Zuvor blähen sie sich noch in einer gewaltigen Supernova-Explosion auf. Ein Würfel Materie von dieser stark verdichteten Sternart hätte auf der Erde ein Gewicht von etwa einer Million Tonnen. Diese Sterne — die Astronomen nennen sie Neutronensterne — erreichen nur noch einen Durchmesser von etwa 20 Kilometern. Die Pulsare gehören zu den Neutronensternen.

Noch extremer fallen sehr massive Sterne in ihrem letzten Entwicklungsstadium zusammen. Übrig bleibt nur noch ein Gebilde von wenigen Kilometern Durchmesser. In unserem Würfelvergleich würde die entsprechende Menge dieser Sternmaterie ein Erdgewicht von fast einer Billion Tonnen erreichen. Diese Himmelsobjekte

werden geheimnisvoll „schwarze Löcher" genannt. Sie sind nicht direkt zu beobachten, weil aus ihnen keine Lichtstrahlen und keine Radiowellen mehr nach außen gelangen. Ihre Existenz kann nur auf indirektem Wege nachgewiesen werden. Hierzu stellen die Astronomen komplizierte Berechnungen von Schwerkrafterscheinungen an, den einzigen Signalen, die aus einem schwarzen Loch nach außen dringen.

Gibt es noch anderswo Leben im All?

Bei unserem Streifzug durch das Planetensystem wurde beschrieben, wie öde es auf den meisten Planeten und Satelliten aussieht. Zwar haben manche Himmelskörper seltsam anmutende Landschaften, und auf einigen gibt es noch tätige Vulkane. Irgendeine Art von Leben konnte aber bisher dort nicht festgestellt werden. Vermutlich wird auch weiteres Suchen in den kommenden Jahren zu keinem anderen Ergebnis führen. Die Lebensbedingungen auf unseren Planeten und Satelliten sind so schlecht, daß wir dort höheres Leben nicht erwarten dürfen. Es mag sein, daß zum Beispiel auf dem Mars ganz niedere mikroskopisch kleine Lebewesen existieren. Aber bisher konnte nichts gefunden werden. Es scheint fast so, als ob wir auf einer einzigartigen Oase im Weltraum lebten.

Unter den bekannten Himmelskörpern bietet offenbar nur die Erde die besonderen Bedingungen, unter denen Leben überhaupt entstehen, wachsen und sich hin zu intelligenten Lebewesen entwickeln kann. Zu diesen Voraussetzungen gehört eine geeignete Temperatur auf der Planetenoberfläche, die 100 Grad Wärme nicht überschreiten und die Eisgrenze von 0 Grad Celsius nicht unterschreiten darf. Auch das Vorhandensein und die Zusammensetzung einer Atmosphäre spielen eine wesentliche Rolle. Diese Lufthülle darf nicht zu dünn, aber auch nicht zu dicht sein und muß über bestimmte Gase verfügen. Auch Wasser muß an der Oberfläche eines Himmelskörpers, auf dem sich Leben entwickeln kann, vorhanden sein. Schließlich muß ein solcher Planet über ein Magnetfeld verfügen, das die gefährlichen, aus energiereichen Teilchen bestehenden Strahlungen abhält.

Vielleicht gibt es in ganz anderen Bereichen des Weltalls aber doch Planeten, auf denen Pflanzen, Tiere oder sogar menschenähnliche

Lebewesen leben. Vorläufig sind wir technisch weder in der Lage, andere Planetensysteme im Fernrohr sichtbar zu machen, noch auf andere Weise deren Existenz mit Sicherheit nachzuweisen. Die Entfernungen, die dabei zu bewältigen wären, bewegen sich in unvorstellbaren Größenordnungen. Bis zu einem möglichen bewohnten Planeten ist es Hunderte oder Tausende Lichtjahre weit. Ihn zu finden, wird nicht eine Aufgabe der Gegenwart, sondern einer fernen Zukunft bleiben. Vielleicht verfügen andere intelligente Lebewesen über eine hochentwickelte Technik und können mit uns Erdenbewohnern durch Radiowellen in Verbindung treten. Von der Erde gelangen seit vielen Jahrzehnten ohne unsere Absicht durch starke Funksender und Radargeräte Radiowellen in den Weltraum. Denkbar wäre auch, die Funksignale anderer höherer Lebewesen auf der Erde aufzufangen. Schon seit über zwanzig Jahren werden solche Versuche unternommen, erstmals im Jahre 1960 in Nordamerika mit einem Radioteleskop in Green Bank, West Virginia. Zwei Sterne peilte man damals an, die nur elf oder zwölf Lichtjahre von uns entfernt sind. Die Versuche blieben erfolglos. Inzwischen hat man einige hundert Sterne angepeilt, die für die Existenz von intelligentem Leben in Frage kommen. Auch hier blieb ein Ergebnis aus.

Die Suche nach anderen intelligenten Wesen gleicht der nach einer Stecknadel in einem gewaltigen Heuhaufen. Es gibt eben unermeßlich viele Sterne im Weltall und die Zahl der möglicherweise bewohnten Planeten wird demgegenüber äußerst klein sein.

Die Berichte von Leuten, die unbekannte Flugobjekte, kurz UFO's genannt, gesehen haben wollen, werden sehr skeptisch aufgenommen. Man vermutet, daß es sich bei den beobachteten Erscheinungen zum Beispiel um Flugzeuge, künstliche Erdsatelliten, Sternschnuppen, einen helleren Planeten, Luftspiegelungen oder einfach um einen Ballon handelte. Der einwandfreie Nachweis von Raumfahrzeugen eines anderen Sterns fehlt bisher jedenfalls noch.

Volkssternwarten und Planetarien

Der Besuch in einem Planetarium ist für Kinder und Erwachsene gleichermaßen ein Erlebnis: In dem großen Zuschauerraum mit der hohen Kuppel wird es langsam immer dunkler, die Sterne treten wie am Abendhimmel an der Kuppeldecke hervor und fügen sich zu vielen Sternbildern zusammen. Schnell bewegen sich Sterne oder Planeten vorbei, Raumschiffe tauchen auf und verschwinden wieder, Landschaften anderer Himmelskörper werden sichtbar, Gewitter toben sich aus und Sonne und Mond verfinstern sich. Alle möglichen Himmelserscheinungen können in einem Planetarium künstlich vorgeführt werden. Viele Projektoren, manchmal hundert oder zweihundert, bilden diese Erscheinungen auf einer großen Halbkugel ab, unter der die Besucher sitzen. Ein Planetarium ermöglicht Beobachtungen, die in der Natur mit bloßem Auge nicht gemacht werden können oder für die man erst größere Reisen unternehmen müßte. Ein anderer Vorteil besteht darin, daß im Planetarium bei jedem Wetter die Sterne beobachtet werden können, egal, ob es stürmt, regnet oder schneit. Außerdem können diese Beobachtungen am hellichten Tag gemacht werden. Mit einem Planetarium ist es möglich, den Sternenhimmel der Vergangenheit, der Gegenwart und der Zukunft zu zeigen. Ebenso kann man sich dort die Himmel aus allen Teilen der Erde anschauen. Allen Lesern kann man also nur den Besuch eines nahegelegenen Planetariums, die es überall in der Bundesrepublik oder auch in Österreich und der Schweiz gibt, empfehlen. Die Planetarien veranstalten gerne Extravorführungen für Schulklassen. Ansonsten werden meist Nachmittags- oder Abendveranstaltungen angeboten, wobei das Abendprogramm manchmal etwas ausführlicher ausfällt. Einige Planetarien haben auch besondere Kinderveranstaltungen.

Ebenso spannend wie in einem Planetarium kann es sein, den wirklichen Himmel regelmäßig mit dem freien Auge oder mit einem Fernrohr zu beobachten. Außerdem laden die zahlreichen Volkssternwarten ebenfalls zu einem Besuch ein. Dort stehen kleine und große Fernrohre zur Verfügung, durch die man die schönsten Himmelsobjekte beobachten kann.

Auf der folgenden Seite haben wir eine ausgewählte Liste von Planetarien und Volkssternwarten aufgeführt. Es werden nur die größten, regelmäßig geöffneten Einrichtungen genannt. Hinweise auf kleinere, zum Wohnort nähergelegene Einrichtungen kann man von diesen Volkssternwarten und Planetarien erhalten.

Aachen: Volkssternwarte; Bayreuth: Volks-sternwarte; Berlin: Wilhelm-Foerster-Sternwarte und Planetarium; Bochum: Planetarium und Volkssternwarte; Bremen: Volkssternwarte und Planetarium der Olbers-Gesellschaft in der Hoch-schule Nautik; Darmstadt: Volkssternwarte; Erk-rath: Planetarium und Sternwarte; Glücksburg: Planetarium; Essen: Walter-Hohmann-Stern-warte; Frankfurt a. M.: Volkssternwarte; Freiburg: Planetarium; Hamburg: Planetarium und Volks-sternwarte; Kiel: Planetarium; Köln: Volkssstern-warte; Lübeck: Volkssternwarte; Nürnberg: Ni-colaus-Copernicus-Planetarium und Sternwarte; München: Planetarium im Deutschen Museum, Bayerische Volkssternwarte und Planetarium; Münster: Planetarium des Landesmuseums für Naturkunde; Recklinghausen: Westfälische Volkssternwarte und Planetarium; Reutlingen: Volkssternwarte; Stuttgart: Planetarium, Schwä-bische Sternwarte; Violau: Volkssternwarte. — Österreich: Planetarien in Klagenfurt und Wien, dort auch Urania-Sternwarte. — Schweiz: Pla-netarium in Luzern, Urania-Volkssternwarte in Zürich.

Kleines Himmelslexikon

Antarktis, das Gebiet um den Südpol der Erde, in dem Polartag und Polarnacht auftreten.

Äquator, ein gedachter Kreis rings um die Erde, der überall gleich weit vom Nord- und Südpol entfernt ist.

Arktis, das Gebiet um den Nordpol der Erde, in dem Polartag und Polarnacht auftreten.

Asteroid, ein Kleinplanet.

Astrologie, die Sterndeutung, im Gegensatz zur Astronomie.

Astronomie, die wissenschaftliche Erforschung des Weltalls.

Astrophysik, wichtiger Teilbereich der Astronomie, der sich mit der Physik der Himmelskörper beschäftigt, also z. B. mit der Temperatur und Zusammensetzung der Sterne.

Atmosphäre, eine aus Gasen bestehende Hülle, vor allem um einige Planeten und Satelliten. Die äußerste Schicht eines Sterns nennt man ebenfalls Atmosphäre. Die Atmosphäre der Erde wird auch als Lufthülle bezeichnet.

Atome, die kleinsten Bausteine der verschiedenen chemischen Elemente (Grundstoffe), wie z. B. Wasserstoff, Helium, Sauerstoff, Silizium, Eisen usw. Ein Atom setzt sich wiederum aus dem Atomkern und den um ihn kreisenden Elektronen zusammen. Auch der Atomkern ist (mit Ausnahme des normalen Wasserstoffs) wiederum aus einzelnen Teilchen, den Protonen und Neutronen, zusammengesetzt.

Doppelstern, ein aus zwei Sternen, die sich meist gegenseitig umkreisen, zusammengesetzter Stern.

Ekliptik, der Kreis am Himmel, durch den die Sonne im Laufe eines Jahres als Folge des Erdumlaufs scheinbar wandert. Längs der Ekliptik stehen die Tierkreissternbilder.

Ellipse, ein Oval, das man sich folgendermaßen aufzeichnen kann: Man steckt zwei Nägel in ein Blatt Papier. Sie sollen die beiden Brennpunkt der Ellipse darstellen. Dann legt man ein Stück zusammengebundene Schnur um die Nägel und steckt einen Bleistift in die Schlinge. Mit dem Bleistift führt man nun die gestraffte Schlinge um die Nägel herum. Der Stift zeichnet dabei um die Nägel eine Ellipse.

Frühlingspunkt, die Stelle auf der Ekliptik, an der sich die Sonne am 21. März, also zum Frühlingsanfang auf der Nordhalbkugel der Erde, befindet.

Galaxis, die Milchstraße; aber auch Bezeichnung für ein Sternsystem, das ähnlich wie unser Milchstraßensystem aufgebaut ist (Mehrzahl: Galaxien).

galaktisches System, unser Milchstraßensystem.

geographische Breite, der in Winkelgrad angegebene Abstand eines Punktes auf der Erdoberfläche vom Äquator.

geographische Länge, der in Winkelgrad angegebene Abstand eines Punktes auf der Erdoberfläche von dem Meridian, der durch die Sternwarte Greenwich (London) verläuft.

Horizont, der Kreis rings um uns, der das Himmelgewölbe von der uns als Ebene erscheinenden Erdoberfläche trennt. Die Auf- und Untergänge aller Gestirne erfolgen am Horizont.

Komet, ein aus Eiskörnern und Staubteilchen bestehender, in einer langgestreckten Ellipse um die Sonne laufender Himmelskörper, der im Inneren unseres Planetensystems einen langen gas- und staubförmigen Schweif entwickelt, der meist von der Sonne abgewandt ist.

Lichtgeschwindigkeit, rund 300 000 Kilometer pro Sekunde.

Lichtjahr, die Strecke, die das Licht in einem Jahr zurücklegt, rund $9\frac{1}{2}$ Billionen Kilometer.

Meridian, ein gedachter Kreis am Himmelsgewölbe, der vom Horizont im Norden über den nördlichen Himmelspol und den Zenit bis zum Horizont im Süden verläuft. Ein Meridian ist aber auch auf der Erde ein großer Kreis, der vom Nordpol zum Südpol verläuft.

Meteor (das), ,,Sternschnuppe'', eine helle Leuchterscheinung am Nachthimmel, die dadurch entsteht, daß ein kleines Teilchen aus dem Weltraum mit großer Geschwindigkeit in die Lufthülle unserer Erde rast.

Meteorit, ein aus dem Weltraum stammender Körper, der mit unserer Erde zusammenstößt und ein Meteor hervorrufen kann. Größere Meteoriten erzeugen auf der Erde auch Meteoritenkrater.

Mond, der Satellit unserer Erde. Gelegentlich wird die Bezeichnung „Monde" aber auch für die Satelliten anderer Planeten benutzt.

Nadir, der dem Zenit gegenüberliegende Punkt des Himmelsgewölbes unter unseren Füßen.

Nebel, ein etwas unklarer Ausdruck für nebelhafte, meist helle Flecke, die man an bestimmten Stellen des Himmels beobachten kann. Ein Teil der Nebel sind Gasnebel, die zu unserem eigenen Milchstraßensystem zählen, ein anderer Teil der Nebel sind ferne Galaxien, also fremde Milchstraßensysteme.

Objektiv, die dem Objekt (Gegenstand) zugekehrte Linse eines Fernrohrs oder Feldstechers.

Okular, die Augenlinse eines Fernrohrs oder Feldstechers, durch die der Beobachter blickt.

Planet, ein Körper, der um unsere Sonne oder einen anderen Stern kreist und auf das Sonnenlicht angewiesen ist, also kein eigenes Licht ausstrahlt. Sonne, Satelliten und Planeten bilden zusammen ein Planetensystem.

Planetoid, ein Kleinplanet.

Raumsonde, ein künstlicher Flugkörper, der zu anderen Planeten oder durch unser Planetensystem fliegt.

Refraktor, ein Linsenfernrohr.

Reflektor, ein Spiegelteleskop.

Rotation, die Drehung eines Körpers um seine Achse.

Satellit, ein Körper, der um einen Planeten läuft. Es gibt natürliche Satelliten wie unseren Mond, aber auch künstliche Satelliten, die mittels der Raketentechnik in eine Umlaufbahn um die Erde oder einen anderen Planeten eingeschossen wurden.

Schwerkraft, die zwischen zwei Körpern bestehende gegenseitige Anziehung (auch Gravitation). Fällt z. B. ein Apfel auf die Erdoberfläche, so ist dies der Anziehungskraft der Erde zuzuschreiben.

Sommerzeit, die ungefähr während des Sommerhalbjahres häufig eingeführte Zeit, die der „Winterzeit" (bei uns: Mitteleuropäische Zeit) um eine Stunde vorauseilt. Die Tageshelligkeit in den Abendstunden wird so besser genutzt.

Sonne, der gasförmige Himmelskörper, um den sich unsere Planeten, einschließlich der Erde, bewegen. Die Sonne ist unser nächster Stern.

Stern, ein gasförmiger, selbstleuchtender Himmelskörper, entsprechend unserer Sonne.

Sternschnuppe, volkstümliche Bezeichnung für ein Meteor.

Sternhaufen, eine Ansammlung von Dutzenden, Hunderten oder vielen Tausenden von Sternen.

Tierkreis, Tierkreissternbilder, eine Zone am Himmel, durch die sich die Sonne scheinbar innerhalb eines Jahres bewegt (siehe auch Ekliptik).

Trabant, eine andere Bezeichnung für Satellit.

veränderliche Sterne, Sterne, die ihre Helligkeit verändern.

Wendekreise, zwei Kreise auf der Erde, die zum Äquator parallel verlaufen und von ihm $23\frac{1}{2}$ Grad nach Norden (nördlicher Wendekreis, Wendekreis des Krebses) oder Süden (südlicher Wendekreis, Wendekreis des Steinbocks) entfernt sind.

Zenit, der Scheitelpunkt des Himmelsgewölbes senkrecht über uns.

Zirkumpolarsterne, Sterne rings um den nördlichen Himmelspol, die für einen bestimmten Beobachtungsort niemals unter den Horizont gehen und deswegen das ganze Jahr hindurch sichtbar sind. Vom Nord- und Südpol aus gesehen, sind alle Sterne zirkumpolar, für einen Beobachter am Äquator gibt es keine Zirkumpolarsterne.

Zodiakus, eine andere Bezeichnung für den Tierkreis.

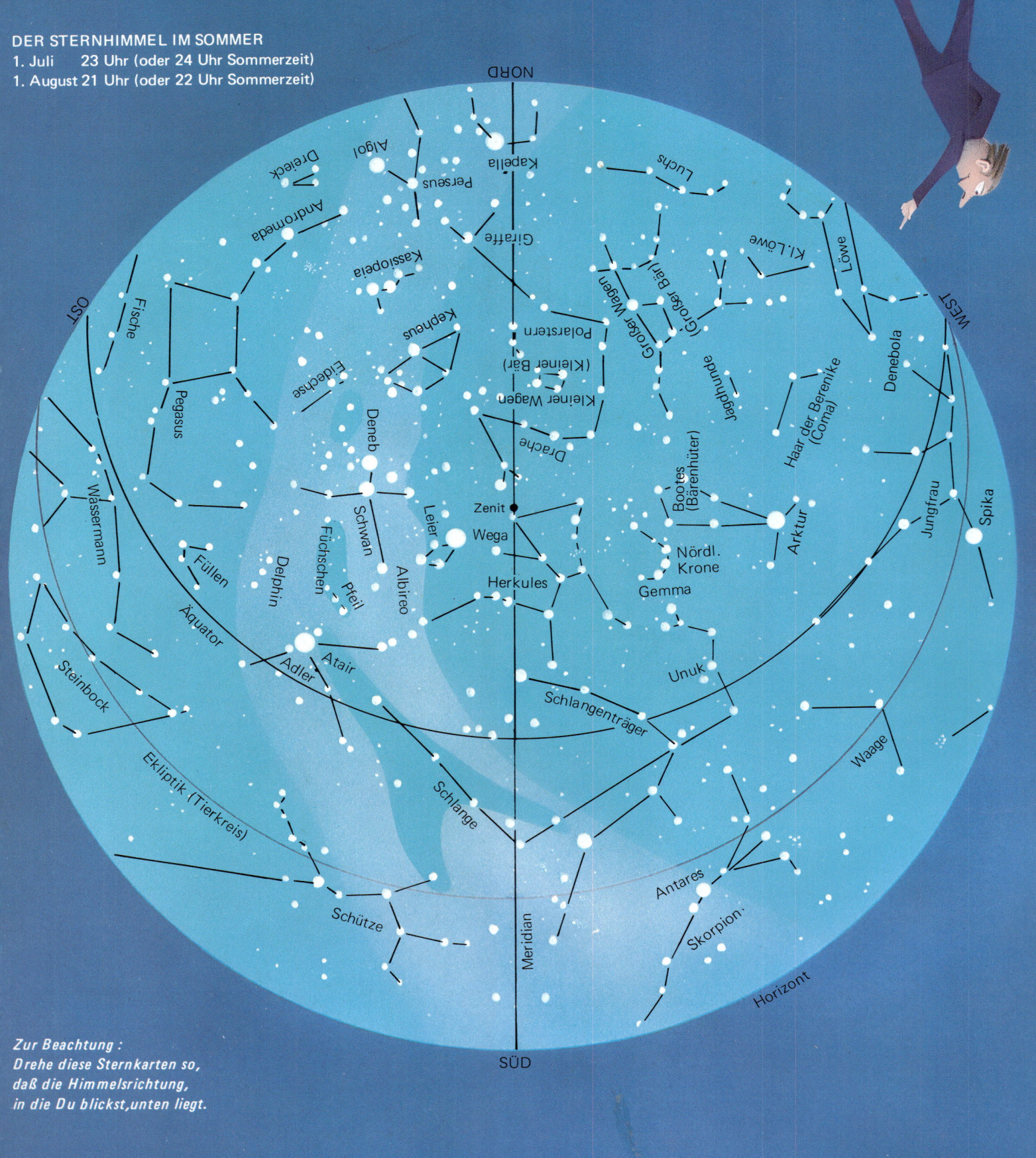

DER STERNHIMMEL IM SOMMER
1. Juli   23 Uhr (oder 24 Uhr Sommerzeit)
1. August 21 Uhr (oder 22 Uhr Sommerzeit)

Zur Beachtung :
Drehe diese Sternkarten so,
daß die Himmelsrichtung,
in die Du blickst, unten liegt.